SCIENCE
UOYU KEXUE YOUGE YUEHUI

及科学知识，拓宽阅读视野，激发探索精神，培养科学热情。

最伟大的
技术发明

吉林出版集团
北方妇女儿童出版社

图书在版编目(CIP)数据

最伟大的技术发明 / 李慕南,姜忠喆主编. —长春
: 北方妇女儿童出版社,2012.5(2021.4重印)
(青少年爱科学. 我与科学有个约会)
ISBN 978 - 7 - 5385 - 6304 - 7

Ⅰ. ①最… Ⅱ. ①李… ②姜… Ⅲ. ①科学技术 – 创
造发明 – 青年读物②科学技术 – 创造发明 – 少年读物
Ⅳ. ①N19 – 49

中国版本图书馆 CIP 数据核字(2012)第 061960 号

最伟大的技术发明

出 版 人　李文学
主　　编　李慕南　姜忠喆
责任编辑　赵　凯
装帧设计　王　萍
出版发行　北方妇女儿童出版社
地　　址　长春市人民大街 4646 号 邮编 130021
　　　　　电话 0431 – 85662027
印　　刷　北京海德伟业印务有限公司
开　　本　690mm × 960mm　1/16
印　　张　12
字　　数　198 千字
版　　次　2012 年 5 月第 1 版
印　　次　2021 年 4 月第 2 次印刷
书　　号　ISBN 978 - 7 - 5385 - 6304 - 7
定　　价　27.80 元

前　　言

　　科学是人类进步的第一推动力,而科学知识的普及则是实现这一推动力的必由之路。在新的时代,社会的进步、科技的发展、人们生活水平的不断提高,为我们青少年的科普教育提供了新的契机。抓住这个契机,大力普及科学知识,传播科学精神,提高青少年的科学素质,是我们全社会的重要课题。

　　一、丛书宗旨

　　普及科学知识,拓宽阅读视野,激发探索精神,培养科学热情。

　　科学教育,是提高青少年素质的重要因素,是现代教育的核心,这不仅能使青少年获得生活和未来所需的知识与技能,更重要的是能使青少年获得科学思想、科学精神、科学态度及科学方法的熏陶和培养。

　　科学教育,让广大青少年树立这样一个牢固的信念:科学总是在寻求、发现和了解世界的新现象,研究和掌握新规律,它是创造性的,它又是在不懈地追求真理,需要我们不断地努力奋斗。

　　在新的世纪,随着高科技领域新技术的不断发展,为我们的科普教育提供了一个广阔的天地。纵观人类文明史的发展,科学技术的每一次重大突破,都会引起生产力的深刻变革和人类社会的巨大进步。随着科学技术日益渗透于经济发展和社会生活的各个领域,成为推动现代社会发展的最活跃因素,并且成为现代社会进步的决定性力量。发达国家经济的增长点、现代化的战争、通讯传媒事业的日益发达,处处都体现出高科技的威力,同时也迅速地改变着人们的传统观念,使得人们对于科学知识充满了强烈渴求。

　　基于以上原因,我们组织编写了这套《青少年爱科学》。

　　《青少年爱科学》从不同视角,多侧面、多层次、全方位地介绍了科普各领域的基础知识,具有很强的系统性、知识性,能够启迪思考,增加知识和开阔视野,激发青少年读者关心世界和热爱科学,培养青少年的探索和创新精神,让青少年读者不仅能够看到科学研究的轨迹与前沿,更能激发青少年读者的科学热情。

　　二、本辑综述

　　《青少年爱科学》拟定分为多辑陆续分批推出,此为第一辑《我与科学有个约会》，以"约会科学，认识科学"为立足点，共分为 10 册，分别为：

1.《仰望宇宙》

2.《动物王国的世界冠军》

3.《匪夷所思的植物》

4.《最伟大的技术发明》

5.《科技改变生活》

6.《蔚蓝世界》

7.《太空碰碰车》

8.《神奇的生物》

9.《自然界的鬼斧神工》

10.《多彩世界万花筒》

三、本书简介

本册《最伟大的技术发明》从人类光彩夺目的发明宝库里精心挑选了一些代表性成果，用讲故事的方式将它们介绍给小读者，以使小读者在了解科学知识、原理的同时，也了解发明家艰辛的发明过程。了解一些科学知识、原理，对人的成长固然重要，但编者以为，更重要的是拥有一种爱思考的习惯、创造性的思维方式以及勇于探索的精神。本书从科技、自然、生命科学、医疗、交通等各个方面精选出人类历史上最具代表性的重大发明发现成果，详尽阐述了每项发明与发现的由来与发展历程。读者可以一目了然地看到种种伟大成果的产生背景与宝贵思路，从而开阔视野并提高自己的创造性思维。

本套丛书将科学与知识结合起来，大到天文地理，小到生活琐事，都能告诉我们一个科学的道理，具有很强的可读性、启发性和知识性，是我们广大读者了解科技、增长知识、开阔视野、提高素质、激发探索和启迪智慧的良好科普读物，也是各级图书馆珍藏的最佳版本。

本丛书编纂出版，得到许多领导同志和前辈的关怀支持。同时，我们在编写过程中还程度不同地参阅吸收了有关方面提供的资料。在此，谨向所有关心和支持本书出版的领导、同志一并表示谢意。

由于时间短、经验少，本书在编写等方面可能有不足和错误，衷心希望各界读者批评指正。

本书编委会

2012 年 4 月

目　　录

一、技术发明之最

最大的发电风车 ·· 3

最早的眼镜 ·· 5

最早的拉链 ·· 7

最早的摩托车 ·· 9

最早的降落伞 ·· 11

最大的水车 ·· 13

最早的火车 ·· 14

第一台电子计算机 ·· 16

最早的无线电广播 ·· 18

最大的风琴 ·· 20

最重的钟 ·· 22

最早的高压锅 ·· 24

最早的电子手表 ·· 26

第一封电报 ·· 28

最大的照相机 ·· 31

最早的柴油机 ·················· 33

最早的自行车 ·················· 35

最早的电视 ·················· 37

最早的洗衣机 ·················· 39

最早的空调机 ·················· 41

古代最早的冰箱 ·················· 43

最早的家用电冰箱 ·················· 45

最早的微波炉 ·················· 47

最早的电灯 ·················· 49

最早的电话机 ·················· 51

最早的留声机 ·················· 53

最薄的 CD 随身听 ·················· 55

最小的打印机 ·················· 57

最早的自动取款机 ·················· 59

最早的软盘 ·················· 61

最快的超级计算机 ·················· 63

最人性化的电脑 ·················· 65

最轻的化学元素 ·················· 67

最重的金属 ·················· 69

最轻的金属 ·················· 70

地壳中含量最多的元素 ·················· 72

地壳中含量最多的金属元素 ·················· 74

酸性最强的化合物 ·················· 76

最早发明元素周期表的人 ·················· 78

最先提出科学的原子论的人 ·················· 80

最早发现镭的科学家 ·················· 82

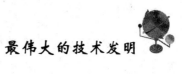

最早合成塑料的化学家 ……………………… 84

发现化学元素最多的化学家 ………………… 86

最先揭示燃烧现象实质的人 ………………… 88

最细的针头 …………………………………… 90

最早的听诊器 ………………………………… 92

最早发现青霉素的人 ………………………… 94

最早发现病菌的人 …………………………… 96

人体最强的免疫系统 ………………………… 98

人体最长和最短的骨头 ……………………… 100

最早创办红十字会的人 ……………………… 102

最早创办护士学校的人 ……………………… 104

死亡率最高的疾病 …………………………… 106

最早提出生物进化论的人 …………………… 108

人类最早的试管婴儿 ………………………… 110

最早的克隆羊 ………………………………… 112

最早的转基因作物 …………………………… 114

最早的计算器 ………………………………… 116

最早的绘图工具 ……………………………… 118

最大的数学专著 ……………………………… 120

最古老的数学文献 …………………………… 122

最早研究不定式方程的数学专著 …………… 124

最早的记数方法 ……………………………… 126

模糊数学的最早创立者 ……………………… 128

最早测算地球周长的人 ……………………… 130

最早发现"黄金分割"的人 ………………… 132

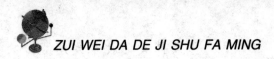

二、技术发明趣事

神奇的干细胞 …………………………………… 137

寻找年轻之宝——肉毒杆菌 …………………… 138

导致精神分裂症的变异基因 …………………… 140

老而不衰，基因定夺 …………………………… 141

干细胞和克隆成果不断 ………………………… 144

揭示生物膜的奥秘 ……………………………… 147

新世纪"虚拟人"应邀闯世界 ………………… 149

导致精神分裂症的变异基因 …………………… 154

5000 多种疑难重症可望得到根本治疗 ……… 155

遏制衰老的对策 ………………………………… 156

关于基因的"科学物语" ……………………… 157

试管婴儿危险高？ ……………………………… 162

伟大的发现 ……………………………………… 164

生命科学家的"圣餐" ………………………… 165

日本开始"后基因组之战" …………………… 166

科学家称发现与长寿有关的基因 ……………… 168

组织工程：再造生命奇迹 ……………………… 169

骨髓移植改变了什么？ ………………………… 171

用化学方法研究生命过程 ……………………… 175

人的第二个"大脑" …………………………… 178

谁为细胞办丧事 ………………………………… 180

D. A 可在土壤中保存 40 万年 ……………… 182

中医学的生命科学观 …………………………… 183

美科学家解释婴儿说话原因 …………………… 184

一、技术发明之最

最大的发电风车

　　风是一种潜力很大的能源。也许有人还记得，18 世纪初，横扫英法两国的一次狂暴大风，摧毁了 400 多座磨坊、800 多座房屋、100 多座教堂、400 多条帆船，并有数千人受到伤害，25 万株大树被连根拔起。仅就拔树一事而论，风在数秒钟内就发出了 1 千万马力（即 750 万千瓦；1 马力等于 0.75 千瓦）的功率！

　　风力的利用，从古代就开始了。14 世纪荷兰人改造了风车结构，广泛用来排除沼泽的积水和灌溉莱茵河三角洲。到 19 世纪，风车的使用达到全盛时期，当时不仅荷兰有风车 1 万多台，美国西部地区农村更有风车 100 多万台。

　　然而 20 世纪以来，内燃机和电子技术的广泛应用，导致了轮船风行世界，依靠风力推动的帆船几乎被淘汰，古老的风车也一度变得暗淡无光。1973 年全世界能源危机发生以后，人们才认识到煤、石油等矿物燃料储量有限，终究会消耗殆尽，燃料燃烧会污染大气，使环境问题日益严重，于是，可再生而又无污染的风能，又以新的姿态进入了人类的生产和生活。

　　一般说来，风速为 3.4～5.4 米/秒的 3 级风就有利用价值。从经济合理的角度出发，风速大于 4 米/秒才适宜于发电。风力愈大，经济效益也愈大。科学家估计

发电风车

过，地球上可用来发电的风力资源约有 100 亿千瓦，是现在全世界水力发电量的 10 倍。目前全世界每年燃烧煤所获得的能量，只有风力在一年内提供的能量的 1/3000。

1977 年，联邦德国在有"风谷"之称的布隆坡特尔，建造了一座世界上最大的发电风车。风车高达 150 米，比美国"摩德 2 号"风力电站高出 45 米。塔顶的机房能以 0.5 米/秒的速度转动，根据风向调节风车的迎风面。当风速为 6.3 米/秒时，风车开始转动，风速达 12 米/秒时可发出 3000 千瓦的电。这个电站可供给 250 户住宅的各项用电。

1979 年上半年，美国在北卡罗来纳州的蓝岭山上，又建成了一座发电用的风车。这个风车有 10 层楼高，风车钢叶片的直径 60 米。叶片安装在一个塔型建筑物上，因此风车可自由转动并从任何一个方向获得风力；风力时速在 38 公里以上时，发电能力也可达 2000 千瓦。由于这个丘陵地区平均风力时速只有 29 公里，因此风车不能全部运动。但是，即使全年只有一半时间运转，它也能够满足北卡罗来纳州 7 个县 1%～2% 的用电需要。

现在，在德国，每年风力提供的能量占全国所需能量的 6%～8%。欧美许多国家正兴起采用风力机群联合发电的热潮。500 千瓦的风力发电机开始进入市场。1994 年初全世界风力发电机装机容量已达 371 万千瓦，而到 1997 年世界装机容量则猛增到 152.6 万千瓦，其中以德国 50 万千瓦为最多。

最早的眼镜

发明眼镜的人应该获得一座雕像的荣誉，可惜没有谁能够确定，究竟是谁发明了眼镜。不过我们可以知道的是：从眼镜问世起，就深植于社会史中，成为各国民俗、流行和骄傲的一部分。

最原始的眼镜是起源于透镜（放大镜），它的制造、应用与光学透镜的出现有密切的相关。现知最古老的透镜是在伊拉克的古城废墟中发现的。这块透镜用水晶石磨成。依此可推知，古老的巴比伦人至少在 2700 年以前便发现了一些透镜的放大功能。

相传最初发现眼镜能使物体像放大的光学折射原理是在日常生活中偶然察觉的。当时有人看到一滴松香树脂结晶体上恰巧有只蚊子被夹在其中，通过这松香晶体球，看到这只蚊子体形特大，由此启发了人们对光学折射的作用的认识，进而利用天然水晶琢磨成凸透镜，来放大微小物体，用以谋求解决人们视力上的困难。中国早在战国时期（2300 年前），《墨子》中已载有墨子很多有关光和对平面镜、凸面镜、凹面镜的论述。公元前 3 世纪时我国古人就通过透镜取火。东汉初年张衡发现了月亮的盈亏及月日食的初步原因，也是借助于透镜的。

中国最古老的眼镜是水晶或透明矿物质制作的圆形单片镜（即现在的放大镜），传说明代大文人祝枝山就曾用过这样眼镜。明代开始到现在一直称为"眼镜"。马可·波罗在 1260

眼镜

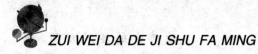

年写道:"中国老人为了清晰地阅读而戴着眼镜。"这证明,至少在这以前,中国人就知道眼镜并使其实用化。公元 14 世纪的记载说,有些中国绅士,愿用一匹好马换一副眼镜。那时的眼镜,镜片多用水晶石、玫瑰石英或黄玉制成,为椭圆形,并以玳瑁装边。戴眼镜的方法也颇奇特,用形形色色的东西固定;有用紫铜架,架在两鬓角上;有用细绳缠绕在两耳上,或者干脆固定在帽子里。间或也有人用一根细绳拴上一块装饰性的小饰物,跨过两耳,垂于两肩。因为眼镜的原料加工不易,所以当时的人们与其说戴眼镜是为了保护视力,倒不如说是一种炫耀身份的装饰品。

将眼镜从中国引入欧洲的人,真正可信者是 13 世纪一位意大利物理学家。但几乎过了一个世纪,那里才普遍使用眼镜。这期间他们苦于解决一个难题:如何舒服而长时间的戴眼镜?开始是诸如今日放大镜的东西,用透明的水晶石、绿宝石、紫石英等矿石磨成的透镜上做出框架,安上手柄,或安在手杖上,后来是用绳子系于胸前,逐步发展成长柄眼镜,后来出现了长柄双眼镜和夹鼻眼镜。夹鼻眼镜尤其适用于高鼻梁的罗马人及英国人。大文豪伏尔泰在作品中赞颂道:"每样东西的存在都有其目的,而每样东西都是达到那个目的所不可或缺的。瞧那为眼镜而生的鼻子!因为它,我们才有了眼镜。"

到 1784 年美国的本杰明·富兰克林发明了双焦距眼镜,又使眼镜的声誉得以提高。至于无形眼镜,则是 1887 年由德国人制造的。

最早的拉链

拉链的发明者是芝加哥机械工程师惠特考恩·加德森，为了制造一根可以使用的拉链，花了他 22 年的时间。1891 年，他制成第一根金属拉链，当时他将它叫做"抓锁"，由两根带齿的金属和一个拉头组成，当拉头扯动时，金属拉链就能封闭或开启，主要用在鞋子上。

1905 年，加德森改进了"抓锁"，将两根金属拉链固定在两根布条上，和今天使用的拉链已十分相似。这种拉链很容易的缝制到衣服上，代替纽扣。他将自己的杰作称为"居利提拉链"。

但是加德森的拉链有一个致命的缺陷：十分容易绷开。加德森为此绞尽脑汁，但怎么也找不到解决的办法。正在这时，好像上天有意派了个人来，

拉链

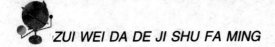

森贝克这位年轻的工程师恰巧来到加德森的工作室。森贝克对德森的发明十分感兴趣，经过仔细观察，他指出拉链容易绷开是因为齿之间的距离过大，只要缩小距离使金属齿一颗接一颗的紧挨着，就能使拉链咬得更牢固。在森贝克的帮助下，加德森终于制成非常坚固耐用的拉链。

但再好的发明，没有需要又有何用呢？无论制衣商还是家庭主妇，对加德森的发明都不屑一顾。于是，加德森只好把制成的拉链廉价卖给小贩。识货的人最终还是来了。由于当时的一起飞机失事事件，查明原因是飞行员衣服上的纽扣脱落造成的，因此美国海军决定飞行员的衣服不再使用纽扣，而改用拉链。美国海军向加德森订购了一万根拉链。从此，拉链大行其道。

第一次世界大战后，拉链才流传到日本。日本吉田工业公司是世界上最大的拉链制造公司。它每年的营业额达 25 亿美元，年产拉链 84 亿条，其长度相当于 190 万公里，足够绕地球到月球之间拉上两个半来回。吉田公司的创办人吉田吉雄也成了闻名遐迩的"世界拉链大王"。

最早的摩托车

摩托车也叫机器脚踏车，是德国人巴特列布·戴姆勒（1834—1900）在1885年发明的。当以煤炭为燃料的蒸汽的汽车普遍行使在街头的时候，由于烟雾弥漫，时速不快等原因，已经由人开始试图利用其他燃料了。在奥托工厂任职的青年技术员戴姆勒决定研制一种小型而高效率的内燃机，毅然辞去工厂的职务，在另外组织的一个专门研制机构进行研制，终于在1883年获得成功，并于同年12月16日获得德意志帝国第28022号专利。1885年8月29日，戴姆勒巴经过改进的汽油引擎装到拇制的两轮车上制成了世界上第一辆摩托车，并获得了专利。

当时的汽油发动机尚处于低级幼稚的状况，车辆制造尚为马车技术阶段，原始摩托车与现代摩托车在外形、结构和性能上有很大差别。原始摩托车的车架是木质的。从木纹上看，是木匠加工而成的。车轮也是木制的。车轮外层包有一层铁皮。车架中下方是一个方形木框，其上放置发动机，木框两侧各有一个小支承轮，其作用是静止时防止倾倒。因此，这辆车实际上是四轮着地。单缸风扇冷却的发动机，输出动力通过皮带和齿轮两级减速传动，驱动后轮前进。车座作成马鞍形，外面包一层皮革。其发动机汽缸工作容积为264毫升，最大功率0.37千瓦，仅为现代简易摩托车的1/5。时速12公里，比步行快不了多少。由于当时没有弹簧等缓冲装置，此车被称为"震骨车"，可以想象，在19世纪的石条街道上行驶，简直比行刑还难受。尽管原始摩托车是那么简陋，但是从此摩托车才能不断变革，不断改进，才有了100多年的数亿辆现代摩托车的子孙。

第一辆由内燃机驱动的两轮车名叫"家因斯伯车"，这是1885年德国巴

摩托车

德—康斯塔特市的哥特利勃·戴姆勒制造的一种机动车，车架用木头制造。发动机为单缸264毫升四冲程，每分钟700转，最高车速为每小时19公里。出生于符腾堡王国（相当于今日德国的巴登—符腾堡邦之一部分）海尔布隆的勒文斯坦市的威廉·梅巴赫首次骑行该车。

　　19世纪末至20世纪初，早期的摩托车由于采取了当时的新发明和新技术，诸如充气橡胶轮胎、滚珠轴承、离合器和变速器、前悬挂避震系统、弹簧车座等，才使得摩托车开始有了实用价值，在工厂批量生产，成为商品。

　　20世纪30年代之后，随着科学技术的不断进步，摩托车生产又采用了后悬挂避凝震系统、机械式点火系统、鼓式机械制动装置、链条传动等，使摩托车又攀上了新台阶，摩托车逐步走向成熟，广泛应用于交通、竞赛以及军事方面。20世纪70年代之后，摩托车生产又采用了电子点火技术、电启动、盘式制动器、流线型车体护板等，以及90年代的尾气净化技术、ABS防抱死制动装置等，使摩托车成为造型美观、性能优越、使用方便、快速便捷的先进的机动车辆，成为当代地球文明的重要标志之一。尤其是大排量豪华型摩托车已经把当今汽中先进技术移植到摩托车上，使摩托车达到炉火纯青的境界。摩托车的发展进入了鼎盛阶段。

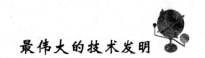

最早的降落伞

降落伞是利用空气阻力，使人或物从空中缓慢向下降落的一种器具。它是从杂技表演开始发展起来的，随着人类航空事业的发展，后来用作空中救生，进而用于空降作战。像火药一样，降落伞也是从中国传出的。

早在西汉时代的《史记·五帝本纪》中，史学家司马迁记载了这样一件事：上古时代，古代圣王舜有次上到粮仓顶部，其父瞽叟从下面点起大火想烧死他，舜就利用两个斗笠从上面跳下，这是人类最早应用降落伞原理的记载。相传公元1306年前后，在元朝的一位皇帝登基大典中，宫廷里表演了这样一个节目：杂技艺人用纸质巨伞，从很高的墙上飞跃而下。由于利用了空气阻力的原理，艺人飘然落地，安全无恙。这可以说是最早的跳伞实践了。日本1944年出版的《落下伞》一书写到了这件事，书中介绍说："由北京归来的法国传教士发现如下文献，1306年皇帝即位大典中，杂技师用纸做的大伞，从高墙上跳下来，表演给大臣看。"1977年出版的《美国百科全书》中也写道："一些证据表明，早在1306年，中国的杂技演员们便使用过类似降落伞的装置。"这个跳伞杂技节目后来传到了东南亚的一些国家，不久又传到了欧洲。

15世纪末，意大利艺术家达·芬奇设计了降落伞，用12码宽与同样长的亚麻布缝拉起来，制成一具帐篷，即可容一人从高处坠落而无伤，人类有史以来，第一具载人降落伞就此知识诞生了。

18世纪30年代，随着气球的问世，为了保障浮空人员的安全，杂技场上的降落伞开始进入航空领域。当时有人制成一种绸质硬骨架的降落伞，以半张开状态放置在气球吊篮的外面，伞衣底下带有伞绳，系在人的身上，如果

降落伞

气球失事，即乘降落伞落地。这可能是最早用于航空活动的降落伞。

飞机问世后，为了飞行人员在飞机失事时救生，降落伞又有了进一步改进，1911 年出现了能够将伞衣、伞绳等折叠包装起来放置在机舱内，适于飞行人员使用的降落伞，这种降落伞于 1914 年开始装备给轰炸机的空勤人员。以后，随着运输机的出现，降落伞得到进一步改进，逐步为军队大量广泛使用，从而产生了空降兵这一新的兵种，带来了空降作战这一新的作战样式。

第一个在空中利用降落伞的是法国飞船驾驶员布兰查德。1785 年，它从停留在空中的气球上用降落伞吊一筐子，里面放一只狗，顺利地着地。接着在 1793 年，他本人从气球上用降落伞下降，可是在着地时摔坏了腿。这一年他正式提出了重空中降落的报告。另一个飞行员加纳林，于 1797 年 10 月 22 日在巴黎成功地从 610 米的高空降落成功，1802 年 9 月 21 日，在伦敦从 2438 米的高空降落成功。1808 年波兰的库帕连托从着火的气球上使用降落伞脱险。

最大的水车

水车是利用水能作为动力的一种工具，多采用木质，偶尔也会用金属制成。因为时轮状的，所以又叫水轮。

在国外，公元前 1 世纪也已使用水车，以代替有畜力或奴隶承当的磨面工作。罗马帝国时期，百姓食用的面粉，就是由水车磨坊供应

白水仙瀑景区的亚洲最大的水车

的。到中世纪后期，水车的作用更大，不仅用于磨面、灌溉，还用于打铁、剧木和制革。

水车虽然使用了 2000 年，但人类并没有看重这个老朋友，而他也还忠心耿耿地继续为人类服务。特别是在叙利亚，沿奥龙特斯河流域，由许多木质的巨大水车，是这一流域的一大风景。

马恩岛的"伊丽莎白女士"水车是世界上最大的水车，1850 年开始修建，1854 年完工，由工程师 Robert Casement 设计。它位于马恩岛东海岸，用于抽出附近铅矿的地下水。为纪念马恩岛总督夫人伊丽莎白，水车以她的名字命名，1954 年 9 月 27 日举行了启用仪式。

这台世界第一的水车不久就成为马恩岛的旅游景点之一。1929 年矿井关闭，水车依然保留下来，当地的地产商将之买下，1965 年马恩岛政府收购了这个水车，1991 年归属马恩岛遗产委员会管理。2003 年下半年，这个水车经过 6 个月的翻修和重新油漆，于 2004 年 9 月重新开放。

最早的火车

17 世纪初，法、德交界处的矿井就已开始使用马拉有轨货车。

早在 1769 年，游人就设计制造出了最原始的"火车"：它有三个轮子，前面有一个装满水的大圆球，不需要沿着轨道行驶。这种"火车"开起来不但慢，而且很难控制方向，当时还撞坏了一片城墙呢！

1781 年瓦特制造的蒸汽机问世以后，首先应用于矿井内的排水泵或煤斗吊车上。与此同时，人们也在考虑如何把静置的蒸汽机搬到交通工具上，变成动态的机械。可是，蒸汽机小型化、使车轮在轨道上不打滑、汽缸的排气、锅炉的通风等问题都有待于进一步解决。

英国人理查德·特里维西克（1771—1833）经过多年的探索、研究，终于在 1804 年制造了一台单一汽缸和一个大飞轮的蒸汽机车，牵引 5 辆车厢，以时速 8 公里的速度行驶，这是在轨道上行驶的最早的机车。因为当时使用煤炭或木柴做燃料，就把它叫作"火车"了。

它由一个黑糊糊的火车头和一节装煤炭的车厢组成。火车头上装有蒸汽机，通过燃烧大量的煤炭来产生足够的蒸汽，推动火车前进。有趣的是，当时这台机车，没有设计驾驶座，驾驶员只好跟在车子旁，边走边驾驶。4 年后，他又制造了"看谁能捉住我"号机车，载人行驶。可是，由于轨道不能承受火车的重量，机车本身也存在不少问题，行驶时不很安全，在一次运行途中，

现代火车

机车出了轨，就停止使用了。

与此同时，史蒂文森也在积极改进火车的性能，并且取得了很大的进展。1814 年，他制造了一辆两个汽缸的、能牵引 30 吨货物可以爬坡的火车。于是，人们开始意识到，火车是一种很有前途的交通运输工具。然而，当时的马车业主们极力加以反对。1825 年，斯托克顿与达林顿之间开设了世界上第一

史蒂文森的火车

条营业铁路，史蒂文森制造的"运动号"列车运载旅客以时速 24 公里的速度行驶其间。尽管火车已经加入了运输的行列，但马车仍在铁路上行驶。

到了 1829 年，曼彻斯特至利物浦间的铁路铺成后，为了决定采用火车还是马车，举行了一次火车和马车的比赛，史蒂文森的儿子改进的"火箭号"获胜。"火箭号"长 6.4 米、重 7.5 吨，为了使火燃烧旺盛，装了 4.5 米高的烟囱。牵引乘坐 30 人的客车以平均时速 22 公里行驶，比当时的四套马车快两倍以上，充分显示了蒸汽机车的优越性。于是这条铁路就采用火车了。"火箭号"也成了第一辆真正使用的火车。从这以后，火车终于取代了有轨马车。后世的人们称他为"蒸汽机车之父"。

1879 年 5 月 31 日，柏林的工业博览会上展出了世界上第一台由外部供电的电力机车和第一条窄轨电气化铁路。这台"西门子"机车重量不到 1 吨，只有 954 公斤，车上装有 3 马力支流电动机。由于机车车身小，没有驾驶台，操纵杆和刹车都装在靠前轮的地方，所以司机只好骑在车头上驾驶。这台"不冒烟的"机车，引起了人们的极大兴趣。但是，电力机车正式进入运输的行列，那是于 1881 年，在柏林郊外，铺设了电气化轨道。现在，这辆电力机车陈列在慕尼黑德意志科技博物馆内。

第一台电子计算机

第二次世界大战期间，随着火炮的发展，弹道计算日益复杂，原有的一些计算机已不能满足使用要求，迫切需要有一种新的快速的计算工具。美国军方为了解决计算大量军用数据的难题，成立了由宾夕法尼亚大学莫奇利和埃克特领导的研究小组，开始研制世界上第一台电子计算机。在一些科学家、工程师的努力下，在当时电子技术已显示出具有记数、计算、传输、存储控制等功能的基础上，经过三年紧张的工作，1946 年 2 月 10日，美国陆军军机械部和摩尔学院共同举行新闻发布会，宣布了第一台电子计算机"爱尼亚克"研制成功的消息。

"ENIAC"（埃历阿克），即"电子数值积分和计算机"的英文缩写。它采用穿孔卡输入输出数据，每分钟可以输入 125 张卡片，输出 100 张卡片。2月 15 日，又在学校休斯敦大会堂举行盛大的庆典，由美国国家科学院院长朱维特博士宣布"埃尼亚克"研制成功，然后一同去摩尔学院参观那台神奇的"电子脑袋"。

出现在人们面前的"埃尼亚克"不是一台机器，而是一屋子机器，密密麻麻的开关按钮，东缠西绕的各类导线，忽明忽暗的指示灯，人们仿佛来到一间控制室，它就是"爱尼亚克"。在其内部共安装了 17468 只电子管，7200个二极管，70000 多电阻器，10000 多只电容器和 6000 只继电器，电路的焊接点多达 50 万个；在机器表面，则布满电表、电线和指示灯。机器被安装在一排 2.75 米高的金属柜里，占地面积为 170 平方米左右，总重量达到 30 吨。这一庞然大物有 8 英尺高，3 英尺宽，100 英尺长。它的耗电量超过 174 千瓦；电子管平均每隔 7 分钟就要被烧坏一只，埃克特必须不停更换。起初，军方的投资预算为 15 万美元，但事实上，连翻跟斗，总耗资达 48.6 万美元，合同前前后后修改过二十余次。尽管如此，ENIAC 的运算速度却也没令人们失望，能达到每秒钟 5000 次加法，可以在 3/1000 秒时间内做完两个 10 位数乘法。一条炮弹的轨迹，20 秒钟就能被它算完，比炮弹本身的飞行速度还要快。

第一台电子计算机

1946 年底，"埃尼亚克"分装启运，运往阿伯丁军械试验场的弹道实验室。开始了它的计算生涯，除了常规的弹道计算外，它后来还涉及诸多的领域，如天气预报、原子核能、宇宙结、热能点火、风洞试验设计等。其中最有意思的，是在 1949 年，经过 70 个小时的运算，它把圆周率 π 精密无误地推算到小数点后面 2037 位，这是人类第一次用自己的创造物计算出的最周密的值。

1955 年 10 月 2 日，"埃尼亚克"功德圆满，正式退休。它和现在的计算机相比，还不如一些高级袖珍计算器，但它自 1945 年正式建成以来，实际运行了 80223 个小时。这十年间，它的算术运算量比有史以来人类大脑所有运算量的总和还要来得多、来得大。它的面世也标志着电子计算机的创世，人类社会从此大步迈进了电脑时代的门槛，使得人类社会发生了巨大的变化。

1996 年 2 月 14 日，在世界上第一台电子计算机问世 50 周年之际，美国副总统戈尔再次启动了这台计算机，以纪念信息时代的到来。

最早的无线电广播

费森登，1866 年 10 月 6 日生于加拿大魁北克，祖先是新英格兰人，毕业于魁北克毕晓普学院，一生共获得 500 项专利，仅次于爱迪生而居世界第二位。在他对人类的诸多贡献中，最为突出的就是发明了无线电广播。无线电广播的过程是：先在播音室把播音员说话的声音或演员歌唱的声音，变成相应的电信号，这种音频电信号由于频率低，不可能直接由天线发射出去，也不可能传得很远，因此，还得采用一种叫做"调制"的技术，把音频电信号转换到一个较高的频段，然后通过发射天线，以无线电波的形式发送到空间。如果你的收音机正好"调谐"到这个电台发送的频率上，这个电台的电波就会被你的收音机所接收。然后，通过一个叫"检波"的过程，"检"出广播信号所携带的音频信号，再经过"放大"等一系列处理，我们便可以从喇叭城听到广播电台所播放的声音了。

1900 年，费森登教授在马可尼、波波夫发明无线电报的启发下，萌发了用无线电波广泛传送人的声音和音乐的念头。他曾进行过一次演说广播，但声音极不清楚，未被重视。在西方金融家的支持下，他于 1906 年圣诞节前夕晚上 8 点钟左右，在纽约附近设立了世界上第一个广播站。在开播那天，播送了读圣经路加福音中的圣诞故事，小提琴演奏曲，和德国音乐家韩德尔所作的《舒缓曲》等。这个小广播站只有一千瓦功率，但它所广播的讲话和乐曲却清晰地被陆地和海上拥有无线电接收机的人所听到，这便是人类历史上第一次进行的正式的无线电广播。

不过，第一次成功的无线电广播，应该是 1902 年美国人内桑·史特波斐德在肯塔基州穆雷市所作的一次试验广播。史特波斐德只读过小学，他如饥似渴地自学电气方面的知识，后来成了发明家。1886 年，他从杂志上看到德国人赫兹关于电波的谈话，从中得到了启发，试图应用到无线广播上。当时，电话的发明家贝尔也在思考这个问题，但他的着眼点在有线广播，而史特波斐德则着眼于无线广播。经过不断的研制，终于获得成果。他在附近的村庄里放置了 5 台接收机，又在穆雷广场放上话筒。一切准备工作就绪了，他却紧张得不知播送些什么才好，只得把儿子巴纳特叫来，让他在话筒前说话，吹奏口琴。试验成功了，巴纳特·史特波斐德因此而成为世界上第一个无线广播演员。

他在穆雷市广播成功之后，又在费城进行了广播，获得华盛顿专利局的专利权。现在，肯塔基州立穆雷大学还树有"无线广播之父"的纪念碑。

不过，真正的广播事业是从 1920 年开始的。那年 6 月 15 日，马可尼公司在英国举办了一次"无线电电话"音乐会，音乐会的乐声通过无线电波传遍英国本土，以至巴黎、意大利和希腊，为那里的无线电接收机所接收。同年，苏联、德国、美国也都进行了首次无线电广播，特别是美国威斯汀豪斯公司的 KDKA 广播站于 11 月 2 日首播，因播送的内容是有关总统选举的，曾经引起一时的轰动。广播很快便发展成为一种重要的信息媒体而受到各国的重视。特别是在第二次世界大战中，它成为各国军械库中的一种新式"武器"而发挥了十分重要的作用。

最大的风琴

要问世界上最大的乐器是哪一件？很多人都会回答是管风琴，答案是正确的。管风琴是风琴的一种，是乐器历史中构造最复杂，体积最庞大，造价最昂贵的乐器。正如奥地利作曲家莫扎特曾评价管风琴为"乐器之王"。不过，莫扎特并不是从乐器的功能和表现力来界定的，而是从它的体积和音量的大小来评价的。

管风琴是一件纯粹的宗教（基督教）乐器，一般和拥有它的教堂或歌剧院同时建造——因为管风琴的结构是直接依附在建筑结构之上。也因此，管风琴没有明确的规格限制，根据教堂或歌剧院本身的规模和经济实力来决定管风琴的大小。管风琴属于簧片类乐器中的自由簧乐器，演奏方法类似于其

管风琴所在的教堂

他的键盘乐器。音域极宽广，一般都使用数层的键盘，脚下还有脚踏键盘，由许多根的音栓来控制具体的音高，高音部以高音谱号记谱，低音部以低音谱号记谱，脚踏键盘部分以倍低音谱号记谱。管风琴的音量宏大，音色饱满，尤其适合在庄严的气氛中演奏严肃神圣的宗教音乐。罗曼·罗兰写克利斯朵夫第一次听到管风琴的声音，"一个寒噤从头到脚，像是受了一次洗礼"。

管风琴从何而来？如何形成？这样基本的问题却是让人难以回答。虽是如

此却有个浪漫的神话来填补这一个空缺。相传风琴源自"牧神所吹的笛子"，而这芦苇笛正是他所暗恋之人，也就是河神的女儿所变成的。原来河神的女儿想逃避牧神的追求，求父亲将自己变成芦苇，牧神在不知情之下割了芦苇编排成列吹奏，以慰思慕之情。就这样"牧神所吹的笛子"乐器被引申为风琴的始祖，其特征是由一组不同音调的芦笛（管笛）组成，由吹气产生声音。

公元前第3世纪由古希腊的亚历士山大城工程师克提西比奥所发明的水压控制风箱的风琴，可称为最早的风琴了。至罗马时代，风琴成为流行在贵族的娱乐乐器，巴赫时期造成管风琴高峰以后，一直到今天仍然是历久不衰，不论是管风琴的制造与乐曲上，巴赫仍然是风琴的佼佼者。

现今世界上最大的管风琴，在美国的新泽西州大西洋城的一个礼堂里。它建于1930年，当时造价高达50多万美元。这架管风琴共用了33112支用于发音的风管，1477个控制音调的音栓，设有19个音色区，共有7排键盘。这样巨大的管风琴，当然无法靠人力鼓风来演奏。因此，专门为它安装了一台365马力的鼓风机。由于风压太大，用简单的机械装置已不可能掀动键盘，后采用液压传动装置操作。如果在夜深人静的时候演奏，方圆几十里地以外都可以清晰地听到。

最重的钟

钟是中国人在公元前 800 年发明的。中国在战国时代就已将钟作为乐器。到了中世纪，西方人才开始发现可以用钟来做成有趣的乐器。当时流行着一种叫"钟琴"的乐器，很像中国的编钟，它实际上就是一排排按音阶排列的钟。有的钟琴很大，共有 70 个钟。它是靠一个键盘演奏的，按下一个键，就会有一只槌子敲向一口钟。在欧洲，演奏钟琴是一门艺术，在比利时还开了一所学校专门教学生如何演奏钟琴。

16 世纪后期，钟琴热开始降温。法国大革命爆发后，这种美丽的乐器已无容身之处。千百架钟琴被送进熔炉，再制成枪炮和其他武器。同一时期，英国开始流行另一种用钟组成的乐器，它的名称叫做"变幻鸣钟"。它的演奏十分复杂：台上坐着一组乐师，他们以某种次序敲响一组钟。演奏是按一套有趣的规则进行的，这样在奏出某一曲调时会响起美妙的和声，乐师用力晃动鸣钟，使它绕着支架转动，这样鸣钟就能发出更加洪亮的声音，音色比排钟更加丰富。

其实，钟除了作为乐器外，最经常的是人们用敲钟作为信号，召唤人们上教堂；钟声提醒人们做好准备，防备敌人进攻；钟声在重要场合表示欢乐与庆贺；钟声也可用来报时，或者告诉人们市场上运

钟

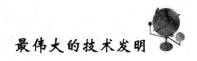

来了新鲜食品，有时，钟声也有报告着有人去世的噩耗。

现今世界上最重的钟当数俄国的沙皇钟，该钟铸于1733年至1735年间，由俄罗斯著名铸钟匠师马托林父子所造，是用铜锡合金浇筑而成，先后花费达62008卢布巨款，重约200吨，堪称世界钟王。此钟通高6.14米，直径6.6米，钟壁最厚部分为67厘米，钟的下部有一条60厘米长的裂纹，环绕大钟，铸有棕榈叶、花结及4条花瓣形的清晰、均匀的纹饰。钟的一面铸有当时统治俄国的安娜·伊凡诺夫纳女皇的浮雕像，旁边有几行赞颂圣母和女皇殿下的铭文，另一面铸有铸造者的姓名。现安置在莫斯科克里姆林宫伊凡诺夫广场的大伊凡钟楼旁的台座上。它是俄罗斯驻早熟的杰作，也是克里姆林宫的一件无价珍品。

1737年莫斯科烧起一场大火，当时钟还放在铸造坑中，人们在扑灭大火时，曾将水泼在了炽热的钟上，结果一块重11.5吨的巨大铜片从钟身脱落，此后钟身埋于坑中达99年之久，直到1836年才又重新安置在石座上。因为太重，不能悬挂于任何钟楼之上，所以铸成以来从未敲响过。《美国百科全书》称它为"世界上从未敲响的钟"。

最早的高压锅

在烧瓶中盛半瓶水，用一只插有玻璃管和温度计的塞子塞紧瓶口，再用一段橡皮管把玻璃管和注射器连通（或者连接一个小气筒）。用酒精灯给烧瓶加热，从温度计上可看到，当温度接近100℃时，瓶里的水就开始沸腾。这时用力推压针筒活塞（或者压气筒活塞），增大瓶里的压强，就会看到虽然仍在加热，水的温度也略有升高，但是沸腾停止了。这说明，水的沸点随着压强的增大而升高了。"高压锅"就是根据这个原理制造的，它又叫压力锅，特点是烧东西时间短、味道好、易烧烂。

提起高压锅的发明还有一个很有意思的小故事呢。300多年前，一个法国青年医生帕平因故被迫逃往国外。有一天，他走到一座山峰附近，觉得饿了，就找了一些树枝，架起篝火，煮起土豆来。水滚开了几次，土豆依然不熟。几年后，他的生活有了转机，来到英国一家科研单位工作。阿尔卑斯山上的往事，他仍记忆犹新。物理学上的什么定律能够解释这个现象？水的沸点与大气压有什么关系？随后，他又设想：如果用人工的办法让气压加大，水的沸点就不会像在平地上只是摄氏100度，而是更高些，煮东西所花的时间或许会更少。可是，怎样才能提高气压。

于是帕平动手做了一个密闭容器，想利用加热的方法，让容器内的水蒸气不断增加，又不散失，使容器内的气压增大，水的沸点也越来越高。可是，当他睁大眼睛盯着加热容器的时候，容器内发出咚咚的声响，他只好暂时停止试验。

又过了两年，帕平按自己的新想法绘制了一张密闭锅图纸，请技师帮着做。另外他又在锅体和锅盖之间加了一个橡皮垫，锅盖上方还钻了一个孔，这就解决了锅边漏气和锅内发声的问题。

1681年，帕平终于造出了世界上第一只压力锅——当时叫做"帕平锅"。这只高压锅做得十分坚固，锅盖是铁制的，分量很重，紧紧地盖在锅上。锅的外围罩了一层金属网，以防意外爆炸。锅本身有两层，中央摆有内锅，要煮的食物就放在内锅里。加热以后，蒸汽跑不出来，锅内气压升高，水的沸点也升高了，食物就熟得快了。帕平在访问英

高压锅

国的时候，曾用他的高压锅作了一次表演。据在场的人记载，在帕平的高压锅里，就是坚硬的骨头，也变得像乳酪一样柔软。

今天，许多家庭都用上了"高压锅"，用这种锅做饭熟得快，很省时间。特别是在海拔高度很高的地区生活，煮饭必须用"高压锅"。因为高度越高，气压越低，水的沸点也降低。据测定在海拔6000米的地方，水的沸点只有80℃左右。在这里用普通锅是很难把饭煮熟的，所以，必须用高压锅来提高水的沸点。

最早的电子手表

电子手表是 20 世纪 50 年代才开始出现的新型计时器，它在温度 25 ~ 28℃时，一昼夜计时误差在一秒以内，即使当温度至 0℃以下或 50℃以上时，每昼夜也才会慢两秒钟。但 100 多年前我们经常使用的机械手表，由于受温度、气压、地球引力的影响，加上本身机械结构和装配过程中的误差，它的每日走时误差一般也有 3 ~ 5 秒左右。由此可看到，电子手表的发明在精确时间方面有着多么大的贡献。

1952 年，英国发明了电动表，用化学电池作能源，代替机械表中的发条。由于化学电池的能量较稳定，走时的精确度就得到了提高。但由于电池的电能是通过机械接点传给摆轮的，而机械接点开关次数多了很容易损坏，所以这种表未能得到推广。然而，它对传统机械手表的结构进行的变革、把手表与电挂上钩的做法却打开了人们的思路，促使电子手表应运而生。

真正意义上的最早的电子手表应是 1953 年由瑞士试制成功的音叉式电子手表。大家知道，只要把音叉轻轻一敲，音叉就会发生振动而发出一定频率的声音。音叉式电子手表就是利用这个特性制成的。它用一个小音叉和晶体三极管无接点开关电路组成音叉振荡系统，来代替摆轮游丝振动系统。音叉的振动频率为每秒 300 赫兹，所以这种表走动时听不到嘀嗒声而只发出轻微的嗡嗡声，音叉振荡系统产生的时间信号推动秒针、分针、时针转动以指示时间。这种表走时误差每天稳定在 2 秒以内。1960 年美国布洛瓦公司最早开始出售"阿克屈隆"牌音叉电子手表。

1963 年由瑞士研制成功摆轮式电子手表。它与电动手表不同的地方是用晶体管、电阻等元件组成无接点开关电路，来代替易损坏的机械接点。由于这种手表不用发条，齿轮系统受力小，磨损较少，因而使用寿命较长，走时精确度比电动手表略高。这种手表于 1967 年投放市场后，曾在欧洲流行一时。

精美的电子手表

1969 年 12 月，日本精工舍公司推出了 35SQ 型电子手表。这是世界上最早的石英电子手表，这种手表以石英的固有振荡频率为走时基准，通过电子线路，控制一台微型电机带动指针，很多性能指标都超过了机械手表，因此很受顾客欢迎。

随着人类科技的发展，最终形成了一种全新的时计。数字显示电子手表采用发光二极管或者液晶为显示元件，直接以数字表示时间。整个手表由石英晶体、集成电路、显示屏以及电池构成，没有任何走动元件，所以又被称为"全电子手表"。它走时比指针式石英电子手表更精确，结构比指针式石英电子手表更简单，还具有特别良好的防磁、防震性能。世界上最早的全电子手表是美国汉弥尔顿公司在 1972 年开始出售的波沙牌数字显示电子手表。

第一封电报

通信是人们交际的要求，随着商品经济的发展，这种要求越来越迫切了。

在 18 世纪中期就有人尝试用电进行通信。1753 年摩立逊和 1774 年勒沙格都曾有多根导线在一端用静电起电机供电，使另一端吸动纸片或出现火花以传递信息。不过传送的距离太短了。1753 年 2 月 17 日，爱丁堡的《苏格兰人》杂志收到一封署名为 C. M. 的人写的信。信中建议把一组 26 根金属线互相平行，水平地从一个地方延伸到另一个地方。金属线一端接在静电机上，在远处的一端接一个球，代表一个英文字母。球的下面挂着写有这个字母的纸片。发报时哪一条线接通电流，对方的小球便把纸片吸了起来。这就是最早的关于用电进行通信的设想。

1793 年，法国查佩兄弟俩在巴黎和里尔之间架设了一条 230 公里长的接

军用电报机

力方式传送信息的托架式线路。据说两兄弟之一是第一个使用"电报"这个词的人。1809 年德国索莫林（1755—1830）进行了类似的实验，仍需用 20 多条导线，而且速度太慢。在奥斯特发现电流生磁之后，安培首先提出可以利用电流使磁针摆动以传递信息。1829 年俄国希林格（1786—1837）制成用磁针显示的电报机，用 6 根线传送信号，一根线传送开始时的呼叫，还有一根供电流返回的公共导线。6 个磁针指示的组合表达不同的信息。

最早实用的电报机是 1837 年英国的科克（1806—1879）和惠司通（Charles Wheatstone 1802—1877）制成的双针电报机，并实际应用在利物浦的铁路线上为火车的运行服务。俄国的雅可比（1801—1874）发明了电磁式电报记录仪，改变由人直接观察磁针摆动的接收方式，增加了收报的可靠性。但这些电报机有一个共同的致命弱点：都只能传送电流的"有"或"无"两个信息，如果用多根导线不仅太复杂了，而且线路的成本也太高，难于应用。

人类史上发行成功的第一封电报诞生于 1844 年，是由美国科学家塞约尔·莫尔斯应用自制的电磁式电报机，通过 65 公里长的电报线路而拍发的。

莫尔斯原来是一个画家。在从法国到纽约的旅途中，在邮船"萨丽"号上，他听了一位医生向旅伴们介绍奥斯特电流生磁和安培关于电报的设想的讲演，产生了很大兴趣，下决心研究电报。下船时，他对船长说："先生，不久你就可以见到神奇的'电报'啦，请记住，它是在您的'萨丽'号上发明的！"

根据电磁感应原理，莫尔斯试用电路的启闭来发送和记录信号。他在设计电报机的同时，按照电路中脉冲信号的产生和消失，构思了圆点、横划和空白的电报符号，把这三种符号组合起来，就可以表示需要传递的信息。后来这一特定的点划组合成为电讯上普遍采用的莫尔斯电码。

1837 年，莫尔斯在精通机械知识的艾尔弗雷德·维尔的帮助下，试制出第一架电磁式电报机。利用电磁感应原理来操纵顶端装有记录头的控制棒，当电流脉冲通过电路时，引起了控制棒运动，就会使记录头触及纸带从而在纸带上有顺序地留下符号图形。收、发电码的电报机终于诞生了。

莫尔斯

他带着电报机四处奔走，企图说服企业家进行投资，而得到的回答不是冷淡就是讥笑。他的机器确实也比较粗糙，传递信息的距离不过十几米远。不过这些没有使他丧失信心。他忍饥挨饿不断改进自己的机器。这时有一个青年机械师盖尔自愿做他的助手，他们反复试验，通过增加电池组、加大电磁铁的线匝，使通信距离逐渐增大。他们完成最后的试验时，已经是第一台机器诞生四年之后了。通信技术的进步是生产发展中的社会需要。一天，他突然收到参议院的通知，国会重新讨论了修建电报线路的拨款提案，终于获得通过。1844 年，世界上第一条商用电报线路建成并正式通报了。

翌年 5 月 24 日，莫尔斯在国会大厦最高法院会议室，首次通过这条电报线，传出圆点和横划的符号，向正在巴尔的摩的艾尔弗雷德·维尔拍发了世界上第一封电报。尽管这份电报只传送了 65 公里之远，但它成功地开创了长距离通讯联系的新时代。第一封电报的内容是圣经的诗句："上帝行了何等的大事。"作为一个虔诚的基督徒，莫尔斯谦卑自己，正如诗人所说的："耶和华阿，荣耀不要归与我们，不要归与我们，要因你的慈爱和诚实归在你的名下。"

最大的照相机

照相机是利用凸透镜成像原理制成的。其主要部件有：镜头、暗箱以及放置胶片的支架。镜头相当于一个凸透镜，是由多个透镜组成的：胶片相当于实验中的一个屏。一般地，物体都处于两倍焦距以外，因此在胶片上得到一个倒立缩小的实像。被摄物体与镜头的距离改变时，可利用暗箱的伸缩或其他装置来改变镜头与胶片的距离，使胶片上的像清晰。35 毫米照相机是目前最普及的机种。你能想象一台照相机能像 1/3 个足球场那么大吗？没错，世界上最大的针孔照相机 115 机库就有那么大。

这架相机是一个巨大的机库，曾经停放战斗机美国加利福尼亚州尔湾原埃尔托洛海军陆战队空军基地。如果你走进巨大的 115 机库，马上就会被铺天盖地的黑暗淹没，只有墙上一个口香糖球大小的洞透出一束细细的光。然后，正对着小洞的墙上，会慢慢出现一幅上下颠倒的图像——摇摇欲坠的机场塔台，近乎被杂草淹没的跑道，海边山丘上成丛的棕榈树。这里曾经停放着威风八面的战斗机，现在，这个机库已经成了世界上最大的相机，准备开

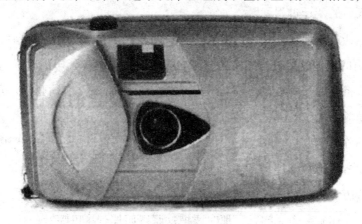

普通照相机

拍世界上最大的照片。它就是一个巨大的针孔照相机，成像原理，就是已有数百年应用历史的"照相暗盒"技术。

负责拍照的 6 个摄影师在机库的金属门上钻了个直径 1.9 厘米的小孔，然后把墙和屋顶都用黑塑料布以及泡沫封起来，把房顶椽与椽之间能透进阳光的缝隙补好，以保证只能从门上的小孔透进光。底片 3 层楼高的白棉布至于"底片"，他们订购了一块巨大的白色细棉布，宽 10 米，挂起来相当于三层楼那么高，长 33.8 米。整块布铺开来，差不多有 1/3 个足球场大。然后，他们往布上涂黑白底片用的感光乳剂，用去了 75.8 升才涂满布面。这块布从屋顶悬下，覆盖住正对着门的那堵墙，充当"底片"。摄影师们开玩笑说，他们也在制造世界上最大的一次性照相机，因为一旦工作结束，这个机库会被拆掉。冲印定做了一个游泳池为了让图像足够清晰，必须要有至少 10 天的曝光时间，这期间相机的快门要一直开着。然后，白布会被送到诺顿空军基地的一个机库里，在一个巨大的塑料"浴桶"里冲洗。这个桶是向一个专做便携式游泳池的公司定做的，预计冲洗将用去 758 升的黑白显影液，以及 2274 升的定影液。

《吉尼斯世界纪录》已经为这项工程创建了两个新的条目：世界上最大的相机和世界上最大的照片。这个雄心勃勃的巨照项目是"遗产工程"的一部分。遗产工程是一个非营利性项目，希望能完整地记录下埃尔托洛基地的原貌以及其后的变迁过程。

埃尔托洛基地在使用 50 多年后，于 1999 年退役。军队撤走后，留下了 20.2 万亩的土地。经过激烈竞争，来自迈阿密的勒纳尔公司买下了这片土地，预计很快将开始开发行动，建设规划里包括一个 1.5 万亩的公园，还有博物馆、运动场、无数的郊区房屋。这么大面积土地上的变迁，是这个地区历史的重要部分。所以从 2002 年开始，遗产工程就一直以拍照的形式进行记录，迄今这 6 名摄影师已经拍了 8 万多张照片。次年，他们决定在记录历史的同时也创造历史。

只是，还有一个大问题：那时要把这张巨照挂到哪里呢？

最早的柴油机

在科学史上，人们总是会对那种无心插柳却一举成功的故事津津乐道，比如伦琴射线、青霉素、宇宙微波背景辐射等等。当然能有上述的成就固然很好，但还有一种同样可敬的人：他们在有生之年不断探索，但成就却不被世人承认，直到多年之后他们的成就才发扬光大。柴油机的发明者鲁道夫·狄赛尔就是这样的一个人。

狄赛尔1858年出生在法国巴黎，就在他读大学期间的1876年，德国人奥托研制成功了第一台4冲程煤气发动机，这是法国技师罗夏内燃机理论第一次得到实际运用。这一成就鼓舞了当时从事机械动力研究的许多工程师，这其中就包括对机器动力十分有兴趣的年轻人狄赛尔。

1769年，英国人詹姆斯·瓦特对原始蒸汽机作了一系列的重大改进，取得了蒸汽机的发明专利。至19世纪末，蒸汽机以在工业上得到广泛的应用。但是，狄赛尔却看到了蒸汽机的笨重、低效率等缺陷，并开始研制高效率的内燃机。经过精心的研究，他终于在1892年首次提出压缩点火方式内燃机的原始设计。

狄赛尔没有料到，他的想法实现起来远远比发明点火系统复杂的多，他所遇到的第一个就是燃料问题。狄赛尔创造性把他的目标指向了植物油。经过一系列试验，对于植物油的尝试也失败了，但他是第一个把植物油料引入内燃机的人，因而近现代鼓吹"绿色燃料"者都

柴油机

柴油机

把狄赛尔尊为鼻祖。

最终燃料选择锁定在了石油裂解产物中一直未被重视的柴油上。柴油稳定的特性适合于压燃式内燃机，在压缩比非常高的情况下柴油也不会出现爆震，这正是狄赛尔所需要的。经过近 20 年的潜心研究，狄赛尔成功的制造出了世界上第一台试验柴油机（缸径 15 厘米、行程 40 厘米）。实验室首先由工厂总传动寄拖动，等运转稳定后放入燃料，柴油机顿时发出震耳欲聋的轰轰声转动起来。1892 年 2 月 27 日，狄赛尔取得了此项技术的专利。1896 年，狄赛尔有制造出第二台试验柴油机，到次年进行试验，其效率达到 26%，这便是世界上第一台等压加热的柴油机。

柴油机的最大特点是省油，热效率高，但狄赛尔最初试制的柴油机却很不稳定，狄赛尔却迫不及待地把它投入了商业生产，结果就是他急于推向市场的 20 台柴油机由于技术不过关，纷纷遭到了退货。没有了资金来源又负债累累，使得狄赛尔的晚年陷入了极端贫困。1913 年 10 月 29 日，55 岁的狄赛尔独自一人呆站在横渡英吉利海峡的轮船甲板上，被巨浪卷入了大海（多数历史学家认为狄赛尔是跳海自尽的）。为了纪念狄赛尔，人们把柴油发动机命名为 Diesel。

客观地讲，狄赛尔的柴油机确实存在着不少缺陷，其中最大的问题就是重量。由于柴油机汽缸压力比汽油机高很多，因而柴油机的缸体要比汽油机粗壮许多，同时早期的柴油机为压缩空气使用的空气压缩机质量也非常巨大，这就使得柴油机整体上十分笨重，极不适应当时骨架还很娇小的汽车。1924 年，美国的康明斯公司正式采用了泵喷油器，这一发明有效地降低了柴油机的质量，同年在柏林汽车展览上 MAN 公司展示了一台装备柴油机的卡车，这是第一台装有柴油机的汽车。1936 年，奔驰公司生产出了第一台柴油机轿车 260D，这时距狄赛尔去世已经 23 年。

最早的自行车

自行车被发明及使用到现在已有两百年的历史，自行车究竟在哪个年代、由谁发明的却很少有人知道。

最早用链条带动后轮（不必用脚蹬地）的设想的提出者，据说是意大利文艺复兴时期的艺术大师达·芬奇。他所绘制的草图至今犹存意大利达·芬奇博物馆，这幅图中的设计相当巧妙，说明这位天才的这一设想与今天自行车所依据的科学原理基本上相同。据传说，达·芬奇本人曾试制出并自己乘过他所设计的自行车。但也有人以为达·芬奇只不过有过这种设想，想他的想象加以具体化，绘制成设计图，并不是他本人而是他的徒弟，事实究竟如何，有待史学家进一步考证。

18世纪末，法国人西夫拉克发明了最早的自行车。这辆最早的自行车是木制的，其结构比较简单，既没有驱动装置，也没有转向装置，骑车人靠双脚用力蹬地前行，改变方向时也只能下车搬动车子。即使这样，当西夫拉克骑着这辆自行车到公园兜风时，在场的人也都颇为惊异和赞叹。德国男爵卡尔杜莱斯在1817年制造出有把手的脚踢木马自行车，他在车子前轮上装了一个方向把手，成为第一辆真正实用型的自行车。

1818年英国的铁匠及机械师丹尼士·强生率先以铁造取代了木头材质，以铁造取代了车轮的骨架，接着他又在伦敦创办了两所学校以训练人们学习及骑乘自行车。后来英国人就把这

最早的自行车

二战中德军骑的自行车

台有趣的车子叫作 Hobby Hors，这台铁制的车由技术好、有经验的人骑乘时速可以到 13 公里。

到了 1839 年，苏格兰人麦克米伦将"木马"改造成前轮小、后轮大的双轮车，车轮是木制的，外面包以铁皮，前轮装有脚踏和曲柄连杆，用以带到后轮，车头装有车柄，可以转换方向，坐垫较低，但不必脚着地，可以用双脚蹬脚踏来驱动，史学家认为这是有只以来第一辆可以蹬的自行车。麦克米伦这一改变，在自行车发展史，固然有很重要的地位，但他生前包括身长很长一段时期，这种新式自行车未能引起注意，1889 年，德尔泽将他依照麦克米伦的创造而复制的样品在伦敦一次车辆展览会上展出，从而使德尔泽赢得了"安全自选车发明人"的名声。直到 1892 年，麦克米伦的贡献才为当时社会所确认。

1861 年法国的娃娃制造商 Michanx 发明了前轮驱动的自行车，在前轮轴上直接加上踏板，靠着这台自行车可以骑遍整个欧洲。1867 年 Michanx 成立公司并开始大量制造。1869 年法国人又发明了链条来驱动后轮，到此时的自行车算是完整的版型。

1888 年一位住在爱尔兰的兽医邓禄普发明了橡皮充气轮胎，这是自行车发展史上非常重要的发明，它不但解决了自行车多年来最令人难受的震动问题，同时更把自行车的速度又推进了许多。其实之前也有人发明过橡皮轮胎，但因为那个年代橡胶的价格非常昂贵，所以未被广为使用。从此，自行车开始在世界各国大行其道。

有一点可能是很多人不知道的。自行车曾被用于作战，主要是用以代替马匹。据考证，首先将自行车用于军事的是 1899～1902 年间的英国与南非布尔人的战争，其次便是 1904～1905 年在中国土地上进行的日俄之战。

最早的电视

如今电视机已进入千家万户，成为人们生活中不可缺少的一部分。电视到底是谁研究发明的呢？现在人们也很难说清。一说是苏格兰人贝尔德，一说是美籍俄国人弗拉基米尔·兹沃利，一说英国人约翰·洛奇·伯德，还有人说是美国达荷州16岁的孩子非拉·法斯威士发明，总之电视的发明倾注了许多人的心血。

最早对电视的研制发生兴趣的人是意大利血统的神父，叫卡塞利。他由于创造了用电报线路传输图像的方法而在法国出了名。但他对电视的发明只开了个头。他只能用电报线路传输手写的书信和图画，电报线路上的其他信息干扰了他的图像，常常会使被传输的图像变成散乱的小点和短线。

1908年，一个叫比德韦尔的英国人给《自然》科学杂志写信时谈到了他自己设计的电视装置。这封信使苏格兰血统的电气工程师坎贝尔·斯温登非常感兴趣。他开始想办法用一根线路传输所有的信息。1911年他获得了电视系列基础的专利。但坎贝尔·斯温登在世时，并没有发明出相应的电视装置。

几乎是与坎贝尔·斯温登的同时，俄罗斯彼得格勒理工学院的波里斯·罗生教授在1907年制造出了自己的电视装置。他用了一台跟若干年前在德国研制出的机械发射机相类似的机器作为发射器，接收机是阴极射线示波器，这个装

电视机

置仅能勉强看到显像管屏幕上的图像，很不清晰。但他的这个实验却强烈吸引了他的一个学生，那就是现在大百科全书中记载的电视发明人弗拉迪米尔·兹沃利金。他研究出关于获得电视信号最好方法的结论与其老师相同，但却避免了发生器方面的错误。在 1923 年他获得了利用储存原理的电视摄像管的专利。1928 年兹沃利金的新的电视摄像机研制成功。

与此同时，美国犹他州的年仅 15 岁的高中生非拉·法斯威士，在 1921 年向他的老师提出了电子电视的概念，但是，法恩斯沃思在 6 年后才制成能传送电子影像的析像器。法恩斯沃思的析像器与佐里金的光电摄像管虽然设计上有差别，但在概念上却很相近，由此引发了一场有关专利权的纠纷。美国无线电公司认为，佐里金优先于法恩斯沃思于 1923 年就为其发明申请了专利，但却拿不出一件实际的证据。而法恩斯沃思的老师拿着法恩斯沃思的析像器的设计图纸，为非拉·法斯威士作证。经过多年不懈的力和坎坷，法斯威士终于获得成功。美国专利局在 30 年后认定他才是电视机的主要专利的有者。1957 年，面对 4000 万名电视观众，他宣布："我 14 岁时发明了电视。"1971 年，《纽时报》称他为世界上最伟大、最具魅力的学家之一。

后来，法斯威士虽然继续研究电视技术，但由于身体欠佳，使研究的范围越来越窄，未取得更大的成就。而美国无线电公司开始大量生产电视机，获得了丰厚的利润，他们把佐里金和时任美国无线电公司总裁的大卫·萨尔诺夫推举为"电视之父"。

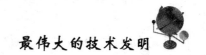

最早的洗衣机

今天，对于许多人来说没有洗衣机的生活是难以想象的。但几千年来，人们都是用手来在水里搓、用棒槌砸或搅。聪明人发明了搓衣板，更聪明的人把衣服放在水桶里，放上很原始的洗涤剂，如碱土、锅灰水、皂角水等，用棒搅拌也能洗干净衣服。在海上，海员们则把衣服拖在船尾上，让海水冲去衣服上的污垢。后来有人发明了手动洗衣机，即把需要洗涤的衣物放到一个盛着水的木盒子里，用一个手柄不断翻转木盒子里的衣物，也可以把衣物洗干净。

1677 年，科学家胡克记录了关于洗衣机的一项早期发明：霍斯金斯爵士的洗衣方法是把亚麻织品放在一个袋子里，袋子的一端固定，另一端用一个轮子和一个圆筒来回拧。用这种方法洗高级亚麻织品可以不损坏纤维。1776年，人们发明了洗衣机的雏形，借助外力来洗衣服，19 世纪中叶，以机械模拟手工洗衣动作进行洗涤的尝试取得了可喜的进展。1858 年，一个叫汉密尔顿·史密斯的美国人在匹茨堡制成了世界上第一台洗衣机。该洗衣机的主件是一只圆桶，桶内装有一根带有桨状叶子的直轴。轴是通过摇动和它相连的曲柄转动的。同年史密斯取得了这台洗衣机的专利权。但这台洗衣机使用费力，且损伤衣服，因而没被广泛使用，但这却标志了用机器洗衣的开端。次年在德国出现了一种用捣衣杵作为搅拌器的洗衣机，当捣衣杵上下运动时，装有弹簧的木钉便连续作用于衣服。19 世纪末期的洗衣机已发展到一只用手柄转动的八角形洗衣缸，洗衣时缸内放入热肥皂水，衣服洗净后，由轧液装置把衣服挤干。

1884 年一个名叫莫顿的人获得了蒸汽洗衣机的专利。他的专利证书上是

洗衣机

这样介绍他发明的洗衣机：即便是一个小孩，在一刻钟内也能洗6条被单，而且比其他洗衣机洗得更白。再后来有人用汽油发动机替代蒸汽机带动洗衣机。

而真正现代意义上的洗衣机的诞生要等到电动机发明之后。第一台电动洗衣机由阿尔几·费希尔于1910年在芝加哥制成。除了手柄被一个电动机取代了之外，洗衣机别的部分都与用手工转动的洗衣机相同。这是一种真正节省劳力的设计。但这种电动洗衣机进入市场后，销路不佳。

洗衣机真正被人们接受，是在第一次世界大战之后。1922年霍华德·斯奈德发明了一种搅动式电动洗衣机，并在衣阿华州批量生产。该洗衣机因性能大有改善，开始风靡市场。第二年德国厂商也生产了一种用煤炉加热的洗衣机。这种洗衣机有一只开有小孔的容器，衣服放入后，由电动机带动和容器相连的轴，使容器不断顺逆转动。

直到第二次世界大战前夕，美国才大批量生产立缸式洗衣机。洗涤缸内装有涡轮喷洗头或立轴式搅拌旋翼。30年代中期，美国本得克斯航空公司下属的一家子公司制成了世界上第一台集洗涤、漂洗和脱水于一身的多功能洗衣机，靠一根水平的轴带动的缸可容纳4000克衣服。衣服在注满水的缸内不停地上下翻滚，使之去污除垢，并使用定时器控制洗涤时间，使用起来更为方便，1937年投放市场后大受欢迎，一下子就卖了30多万台。到60年代，滚筒式洗衣机问世。高效合成洗涤剂和强力去垢剂的出现大大促进了家用洗衣机的发展。

最早的空调机

　　1881年3月当选的美国总统格菲尔德，7月在华盛顿车站遭到枪击。虽说不是致命伤，但因子弹深入到脊椎处，伤势很重，生命岌岌可危，必须立即动手术取出子弹。格菲尔德的住院开刀，却戏剧性的促使了空调机的出现。

　　华盛顿的夏天是闷热的，尤其是这一年，出现了历史上罕见的高温。病床上的总统虚弱极了。虽然总统夫人在一旁一刻不停地用扇子给他扇风，但在这样的高温下也无济于事，总统夫人提出必须降低室温的要求。于是，这个任务就落到了一个叫多西德矿山技术人员的身上。他懂得在矿山上如何向坑道内送气的技术。经过多次试验，他终于成功地将室内的温度从30摄氏度降到25摄氏度左右。多西根据空气压缩会放热，而压缩后的空气恢复到常态会吸收热量的原理，经过反复试验，终于在总统病房安装了一台压缩空气的空调机，结果使室温降了7摄氏度，于是世界上第一台空调机诞生了。

　　其实，真正意义上的空调却出自美国发明家威尔士·卡里尔之手。多西发明的空调机虽然使空气的温度降了下来，却仍旧潮湿。如何才能使空气干燥呢？排暖公司的机械工程师卡里尔一直思考着这个问题。雾气笼罩的火车站激发了他的灵感：含有饱和水分的"潮湿"空气实际上是干燥的。所谓雾气就是空气接近百分之百的温度时其饱和的状态。如果让空气处于饱和状态，同时控制空气饱和时的温

空调机

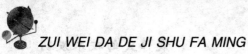

度，就能获得一种可以定量控制其温度的空气。于是在 1902 年，他安装了具有历史意义的温度"调节器"，从而取得了空调机的专利。这种空调机首先安装于纽约的一家印刷厂里。1906 年，卡里尔的"空气处理仪"又获得了专利，对空调机作了进一步改进，经过改进的空调机开始为纺织厂采用，从而逐渐推广。

20 世纪 30 年代末，卡里尔的"导管式空气控制系统"取得了突破，高楼大厦不仅安装上了空调，而且不需要占用宝贵的办公空间。但由于家庭空调太昂贵，又不可靠，卡里尔投资家庭空调这一领域的市场时，没有获得成功。直至 20 世纪 50 年代，美国另外两家公司——通有电器和西屋，才实现了卡里尔"家装空调"的设想，使小型空调机开始进入千家万户，成了深受酷暑煎熬的人们的宠物。

古代最早的冰箱

冰箱是近一个世纪来才发明的一种家用电器,现已成为大多数家庭中一种不可缺少的电器。它的用途很广泛,不仅可以对食物进行保鲜,还可以运用到储存医药等方面,为人们带来了许多方便。

实际上,中国在古代就已有了"冰箱"。虽然远不如现在的电冰箱高级,但仍可以起到对新鲜食物的保鲜作用。在古籍《周礼》中就提到过一种用来储存食物的"冰鉴"。这种"冰鉴"其实是一个盒子似的东西,内部是空的。只要把冰放在里面,然后把食物再放在冰的中间,就可以对食物起到防腐保鲜的作用了。这显然就是现今地球上人类使用最早的冰箱。

此外,在古书《吴越春秋》上也曾记载:"勾践之出游也,休息食宿于冰厨。"这里所说的"冰厨",就是古代人们专门用来储存食物的一间房子,是夏季供应饮食的地方。明代黄省曾的《鱼经》里曾写道:渔民常将一种鳓鱼"以冰养之",运到远处,可以保持新鲜,谓之"冰鲜"。可以想象,当时冷藏食物可能比较普遍。

至明清时冰箱已被北京城里的皇公贵族们广泛使用了。当然那绝不是电冰箱,而是一种用天然冰块降温的箱子,故称"冰箱"。当时的冰箱亦称"冰桶",以黄花梨木或红木制成。从外观上看,箱身口大底小呈方斗形,腰部上下箍铜箍两周。箱两侧置铜环便于搬运,四条腿足为硬木活中的鼓腿膨牙做法。足下安托泥,用于隔湿防潮。箱口覆两块对拼硬木盖板,约1.5厘米厚,板上镂雕钱形孔。深色的箱体衬着金黄的铜箍铜环,给人以雍容悦目之感。冰箱不仅外形美观,而且在功能设计上也十分精巧科学。

箱内挂锡里,箱底有小孔。两块盖板其中一块固定在箱口上,另一块是

冰箱

活板。每当暑热来临，可将活板取下，箱内放冰块并将时新瓜果或饮料镇于冰上，随时取用。味道干爽清凉，用后让人觉得十分惬意，暑气顿消。由于锡里的保护，冰水不致侵蚀木质的箱体，反而能从底部的小孔中渗出。

除此之外，冰融化时吸收室内的热空气，通过盖上镂空的排气孔调节室温，还可以起到空调的作用。由于冰箱广泛使用，京城每年夏季需用大量冰块，这些冰均取自冰窖。过去无论是紫禁城内还是府宅公廨，都各自有贮冰的冰窖。每年冬至起即在筒子河什刹海等处打冰入窖，由工部设专人管理。

金寄水、周沙尘著的《王府生活实录》中记载："王府从五月初一起，开始运进天然冰块，每房都备有硬木制作的冰桶……每天，由太监往各房送冰，以供瓜果等食品保鲜。"可为当时用冰祛暑的写照。

从许多史料可以看出，我们的祖先很早就会利用冰来保持食物的新鲜。因此说，中国是第一个发明冰箱的国家。

最早的家用电冰箱

电冰箱主要用来冷藏肉、蛋、水果、蔬菜等易变质的食物；此外，还通常作科研、医学、商业等有关方面进行冷藏物品用。电冰箱作为一种冷藏、冷冻贮存食品的容器，它就具有一定的贮藏空间、制冷系统、控制温度系统和保持箱内温度的四种基本功能。电冰箱按制冷方式不同可分为电机压缩式（简称压缩式）、吸收式、电磁振荡式和半导体式等数种；按箱门形式可分为单门电冰箱（直冷式）、双温双门电冰箱（冷藏和冷冻）以及多门电冰箱。家用电冰箱的容积一般在 50 立升到 300 立升之间。电冰箱冷冻室的温度等级一般分为一星 –6℃以下、二星 –12℃以下和三星 –18℃以下。

最早的人工制冷专利是 1790 年登记的。几年后，有人相继发明了手摇压缩机和冷水循环冷冻法，为制冷系统奠定基础 1820 年，人工制冷试验首次获得成功。1834 年，美国工程师雅各布·帕金斯发明了世界上第一台压缩式制冷装置，这是现代压缩式制冷系统的雏形。同年，帕金斯获得英国颁布的第一个冷冻器专利。

1913 年，美国芝加哥研制了世界上最早的家用电冰箱。这种名叫"杜美尔"牌的电冰箱外壳是木制的，里

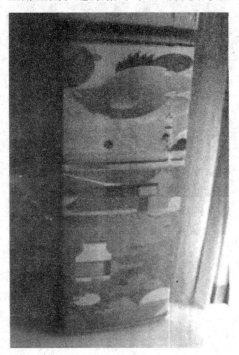

家用电冰箱

面安装了压缩制冷系统，但使用效果并不理想。1918 年，美国 KE—LVZNA-TOR 公司的科伯兰特工程师设计制造了世界上第一台机械制冷式的家用自动电冰箱。这种电冰箱粗陋笨重，外壳是木制的，绝缘材料用的是海藻和木屑的混合物，压缩机采用水冷，噪声很大。但是，它的诞生宣告了家用电冰箱的发展进入了新阶段。

美国人纳撒尼尔韦尔斯设计出一种"开尔文纳特"牌电冰箱，并于 1918 年开始大批量商业化生产。一年以后，"弗里吉戴尔"牌电冰箱进入市场。

瑞典人蒙特斯和冯·普拉滕于 1921 年设计出了实用的低噪音电冰箱，并首次获得专利。1929 年，他们又研制出了空冷式冷凝器。1931 年，斯德哥尔摩的"高级家用电器公司"和美国的"塞维尔公司"开始了这种电冰箱的工业化生产。

美国"通用电气公司"于 1926 年研制出了密封性能良好的家用电冰箱；1939 年，又推出了第一台双温电冰箱，这种冰箱有一个冻结室，可以保存冷冻食品。

最早的微波炉

微波是一种频率非常高的电磁波，通常指 300～30000 兆赫兹的电磁波。微波炉是一种利用电磁波来烹饪食品的厨房器具。微波炉最早被称为"雷达炉"，原因是微波炉的发明来自雷达装置的启迪，后来正名为微波炉。

用微波炉煮饭，当微波辐射到食品上时，食品中总是含有一定量的水分，而水是由极性分子（分子的正负电荷中心，即使在外电场不存在时也是不重合的）组成的，这种极性分子的取向将随微波场而变动。由于食品中水的极性分子的这种运动。以及相邻分子间的相互作用，产生了类似摩擦的现象，使水温升高，因此，食品的温度也就上升了。用微波加热的食品，因其内部也同时被加热，放整个物体受热均匀，升温速度也快。

微波炉的发明彻底改变了现代人的饮食习惯和烹饪方式，但是这种攸关民生的科技产品，居然跟战争有着密不可分的关系。因为微波炉的原理是在第二次世界大战时军事的原因而被发明出来的。德国潜艇屡屡偷袭盟军船舰，令盟军束手无策，为了反制德国舰艇，盟军急需一种波长较短的雷达，来侦搜神出鬼没的德国潜艇。因此，1940 年，英国的两位发明家约翰·兰德尔和布特设计了一个叫做"磁控管"的器材部件。后来这种磁控管就被商人运用在微波炉上面，也就造成了现在我们微波炉的盛行。

微波炉的面世主要应归功于佩西·利·巴龙·斯宾塞，他 1921 年生于美国亚特兰大城。当时，由于英德处于决战阶段，德国飞机对英伦三岛狂轰滥

微波炉

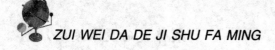

炸，"磁控管"无法英国国内生产，只好寻求与美国合作。1940 年 9 月，英国科学家带着磁控管样品访问美国雷声公司时，与才华横溢的斯本塞一见如故，相见恨晚。在他努力下，英国和雷声公司共同研究制造的磁控管获得成功。

1945 年的一天，斯宾塞正在做雷达起振实验的时候，上衣口袋处突然渗出暗黑色的"血迹"。同事们慌忙地对他说："您受伤了，胸部流血了！"斯宾塞用手一摸，胸部果然湿乎乎的。他一下子紧张起来，但稍一思索后，他立刻明白了，这只不过是一场虚惊：原来是放在口袋里的巧克力融化了。

巧克力为什么会融化呢？他抓住了这一现象进行了认真的分析、"难道是微波起的作用？"于是他就用微波对各种食品进行实验，发现某些波长的电磁波的确能引起食物发热。这更坚定了他的微波能使物体发热的论点。雷声公司受斯宾塞实验的启发，决定与他一同研制能用微波热量烹饪的炉子。几个星期后，一台简易的炉子制成了。斯宾塞用姜饼做试验。他先把姜饼切成片，然后放在炉内烹饪。在烹饪时他屡次变化磁控管的功率以选择最适宜的温度。经过若干次试验，食品的香味飘满了整个房间。

1947 年，雷声公司推出了第一台家用微波炉。可是这种微波炉成本高，寿命短，影响了微波炉的推广。1965 年，乔治·福斯特对微波炉进行大胆改造，与斯宾塞一起设计了一种耐用和价格低廉的微波炉。1967 年，微波炉新闻发布会兼展销会在芝加哥举行，获得了巨大成功。从此，微波炉逐渐走入了千家万户。由于用微波烹饪食物又快又方便，不仅味美，而且有特色，因此有人诙谐地称之为"妇女的解放者"。

最早的电灯

灯是人类征服黑夜的一大发明。在电灯问世以前，人们普遍使用的照明工具是煤油灯或煤气灯。这种灯因燃烧煤油或煤气，因此，有浓烈的黑烟和刺鼻的臭味，并且要经常添加燃料，擦洗灯罩，因而很不方便。更严重的是，这种灯很容易引起火灾，酿成大祸。多少年来，很多科学家想尽办法，想发明一种既安全又方便的电灯。

19 世纪初，英国一位化学家用 2000 节电池和两根炭棒，制成世界上第一盏弧光灯。但这种光线太强，只能安装在街道或广场上，普通家庭无法使用。无数科学家为此绞尽脑汁，想制造一种价廉物美、经久耐用的家用电灯。

真正发明电灯使之大放光明的是美国发明家爱迪生。他是铁路工人的孩子，小学未读完就辍学，在火车上卖报度日。他异常勤奋，喜欢做各种实验，制作出许多巧妙机械。自从法拉第发明电机后，爱迪生就决心制造电灯，为人类带来光明。

爱迪生在认真总结了前人制造电灯的失败经验，把自己所能想到的各种耐热材料全部写下来，总共有 1600 种之多。接下来，他与助手们将这 1600 种耐热材料分门别类地开始试验，可试来试去，还是采用白金最为合适。由于改进了抽气方法，使玻璃泡内的真空程度更高，灯的寿命已延长到 2 个小时。但这种由白金为材料做成的灯，价格太昂贵了，谁愿意花这么多钱去买只能用 2 个小时的电灯呢。

经过冥思苦想，他用棉纱在炉火上烤了好长时间，使之变成了焦焦的炭。把这根炭丝装进玻璃泡里，一试验，效果果然很好，使灯泡的寿命一下子延长 13 个小时，后来又达到 45 小时。这个消息一传开，轰动了整个世界。使

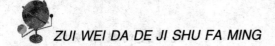

英国伦敦的煤气股票价格狂跌，煤气行也出现一片混乱。人们预感到，点燃煤气灯即将成为历史，未来将是电光的时代。

大家纷纷向爱迪生祝贺，可爱迪生却无丝毫高兴的样子，摇头说道："不行，还得找其他材料！""怎么，亮了45个小时还不行？"助手吃惊地问道。"不行！我希望它能亮1000个小时，最好是16000个小时！"爱迪生答道。

爱迪生根据棉纱的性质，决定从植物纤维这方面去寻找新的材料，把炭化后的竹丝装进玻璃泡，通上电后，这种竹丝灯泡竟连续不断地亮了1200个小时！但爱迪生还是继续寻找认为最合适的竹子，最终找到日本出产的竹子最为耐用。与此同时，爱迪生又开设电厂，架设电线。过了不久，美国人民便用上这种价廉物美、经久耐用的竹丝灯泡。竹丝灯用了好多年。直到1906年，爱迪生又改用钨丝来做，使灯泡的质量又得到提高，一直沿用到今天。

当人们点亮电灯时，每每会想到这位伟大的发明家，是他，给黑暗带来无穷无尽的光明。1979年，美国花费了几百万美元，举行长达一年之久的纪念活动，来纪念爱迪生发明电灯100周年。

最早的电话机

在当今社会，电话已经成为人们生活中不可缺少的一员，世界上大约有7.5亿电话用户，其中还包括1070万因特网用户分享着这个网络。写信进入了一个令人惊讶的复苏阶段，不过，这些信件也是通过这根细细的电话线来传送的。那么，是谁发明了世界上第一部电话呢？

欧洲对于远距离传送声音的研究，始于18世纪，在1796年，休斯提出了用话筒接力传送语音信息的办法。虽然这种方法不太切合实际，但他赐给这种通信方式一个名字——Telephone（电话），一直沿用至今。

1863年德国教师赖斯用木头、香肠薄膜和金属片等原料做成了电话机，完全可以传送信息，尽管信号微弱、效率相对比较低，但是在电话里的声音很清晰。因此，可以断定，赖斯当年的那个简单装置就是世界上最早的电话机。

现在举世公认的"电话之父"则是苏格兰人亚历山大·贝尔。贝尔22岁时被聘为美国波士顿大学的语言教授。有一天，贝尔在实验时，却意外地发现一个有趣的现象：当电流导通和截止时，螺旋线圈会发出噪声。这个细节一般人是不会留意的，贝尔却是有心人。他重复几次，结果都一样。贝尔茅塞顿开，一个大胆的设想在脑海中出现，"在讲话时，如果我能使电流强度的变化模拟声波的变化，那么用电传送语言不就能实现了吗？"这个思想后来成了贝尔设计电话的理论基

早期英商电话公司接线生

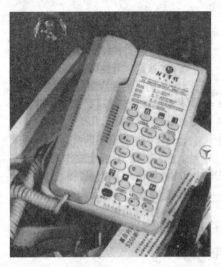

电话机

础。他决计去求教当时大物理学家约瑟夫·亨利，亨利热情地支持他，说："贝尔，你有了一项了不起的发明理想，干吧！"

从这时开始，贝尔和他的助手沃森特就开始了设计电话的艰辛历程，两年过去了，无数次的试验都失败了。有一天，贝尔正在锁眉沉思时，隐隐传来一阵"吉他"的曲调，他侧耳凝神。听着，听着，豁然醒悟。原来，他们的送受话器灵敏度太低，所以声音微弱，难以辨别。"吉他"的共鸣启发了聪明的年轻人。贝尔马上设计了一个助音箱的草图，一时找不到材料，就把床板拆了下来，连夜赶制，接着又改装机器。1875 年 6 月 2 日，最后测试的时刻到了，沃森特在紧闭了门窗的另一房间把耳朵贴在音箱上准备接听，贝尔在最后操作时不小心把硫酸溅到了自己的腿上，他疼痛地叫了起来："沃森特先生，快来帮我啊！"没有想到，这句话通过他实验中的电话传到了在另一个房间工作的沃森特先生的耳朵里。这句极普通的话，也就成为人类第一句通过电话传送的话音而记入史册。1875 年 6 月 2 日，也被人们作为发明电话的伟大日子而加以纪念，而这个地方——美国波士顿法院路 109 号也因此载入史册，至今它的门口仍钉着块铜牌，上面镌有："1875 年 6 月 2 日电话诞生在此。"

1876 年 3 月 7 日，贝尔获得发明电话专利，专利证号码 N174655。1877 年，也就是贝尔发明电话后的第二年，在波士顿和纽约架设的第一条电话线路开通了，两地相距 300 公里。也就在这一年，有人第一次用电话给《波士顿环球报》发送了新闻消息，从此开始了公众使用电话的时代。一年之内，贝尔共安装了 230 部电话，建立了贝尔电话公司，这便是美国电报电话公司的前身。

最早的留声机

爱迪生的脑袋像一台运转的机器，能迸发出灵感的火花，时刻都在搜寻着未发生的各种现象，同时也对已出现的各种现象及问题进行思索和研究，一生有无数的发明，其中一个即是留声机。

1876 年，贝尔发明了电话，由于电话声音太小，爱迪生受委托对其进行改进。1877 年的一天，爱迪生在试验电话机的时候，发现送话器里的膜片随着说话声在震动。他想了解膜片振动幅度，便找了一支钢针固定在膜片上，另一端用手轻轻按着，爱迪生对着送话器说话，突然感到按着膜片触针的手指有相应的颤动，更奇妙的是说话声调高，振动就快，声调低振动就慢；若声音大其振动强，声音小其振动就弱。这一偶然的发现，令爱迪生兴奋不已，原来他早就想发明一种能够复述声音的机器。由此他推想，触针能刺激手指，那么也应该在锡箔一类的物质表面划出连续的刻痕；如果膜片上的触针沿着这条记录声音的刻痕移动，相信一定会得到原来的声音。他在记事本上写道："我用一块有触针的膜片对准急速旋转的蜡纸，说话声的振动便非常清楚地刻在蜡纸上。试验证明，要将人的声音全部予以贮存，日后需要时再随时自动放出来，是完全可以做到的。"

爱迪生充满了信心，动手设计制造这种"重现人们说话的机器"。经几次失败后，爱迪生画出一张草图交给机械车间工头，几天后，助手约翰·克鲁西依照图样重新造出了一台由曲柄、大圆筒、两

最早的留声机

爱迪生

根金属小管组合成的怪异机器。1877 年 11 月 29 日，试验室里挤满了人，爱迪生坐在桌边仔细检查了机器后，从抽屉里取出一张平整的锡纸铺设在圆筒上，然后摇动曲手柄，圆筒便均匀地旋转起来。他对准那根内装着薄膜置一支触针指向圆筒的金属小管子，放声歌唱："玛丽有只小羊羔/雪球儿似一身毛/不管玛丽到哪去/它总跟在后头跑……"当螺纹机构使圆筒旋转，并将沿着水平方向慢慢移动时，触针便在锡箔纸上刻下凹槽，即声音留下的痕迹。唱完这首歌，爱迪生轻轻拔出机械上的一个小弹簧，触针离开圆筒，反向摇动手柄，让圆筒回到原位置后，再次摇动曲手柄。全屋子的人屏住呼吸目不转睛地注视着，期待着奇迹的出现。这时随着圆筒机械的转动，装着喇叭的管筒轻轻地传出了歌声："玛丽有只小羊羔……"人们都惊呆了，这竟与爱迪生刚才歌唱的一模一样。约翰·克鲁西愣了半晌才说出一句话："我的上帝，它真是一个会说话的机器呀！"此刻，全屋子的人们都欢笑起来，人类历史上第一台留声机诞生了。爱迪生在 1878 年 2 月申请了专利。

会说话的机器诞生的消息，轰动了全世界。1877 年 12 月，爱迪生公开表演了留声机，外界舆论马上把他誉为科学界的拿破仑，是 19 世纪最引人振奋的三大发明之一。即将开幕的巴黎世界博览会立即把它作为时新展品展出，就连当时美国总统海斯也在留声机旁转了 2 个多小时。

10 年后，爱迪生又把留声机上的大圆筒和小曲柄改进成类似时钟发条的装置，由马达带动一个薄薄的蜡制大圆盘转动的式样，留声机才广为普及。

最薄的 CD 随身听

爱迪生发明电声技术之后的 100 多年里，唱片技术每隔 25 年就有一次大的技术革新。从圆筒方式进入圆盘唱片，到电气式唱盘的登场，再进入 LP 唱片，再从单音进入立体声。在第 100 年里，数字音频技术产生了。至 1982 年 10 月 1 日，SONY 又推出了第一台 CD 机 CDP—101。

在音质上，CD 随身听可以保持音乐的原汁原味，再配上优秀的耳机或者耳塞，它还是那些对音乐细节要求极高的音质顽固派的首选。由于 CD 机具有机械结构和光学读取部分，所以在重量上会比 Mp3 或 MD 随身听重一些，体积上也会相对大出很多。

现今在随身听设备领域最火的当属 Mp3 播放器了，不仅外形小巧，而且可以千变万化，价格也便宜，最重要的是可以从电脑上录取免费的歌曲，但

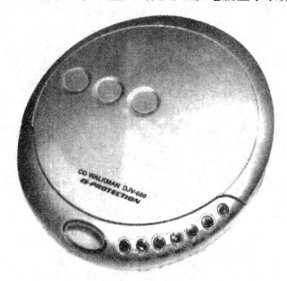

CD 播放器

是 Mp3 播放器在音质上总归是有所损失，在细节和表现力上无法和 CD 播放器相比，因此尽管 Mp3 播放器用起来很方便，可还是有不少追求音质的朋友喜欢传统的 CD 播放器。CD 播放器和 Mp3 播放器相比最大的劣势在于体积太大，这是它的先天条件决定的，不过如果你看过来自韩国的 iRiveriMP550，或许会惊叹于它的轻薄之美。

iRiver 在 Mp3 播放器领域可是大名鼎鼎，它的 CD 播放器的名气远不如它的"铁三角"系列 Mp3 播放器有名，可从这款 iMP550 能看出 iRiver 在 CD 播放器领域也功力深厚。iMP550 是目前世界上最薄的 CD 播放器，仅为 13.7 毫米，重量也才 145 克，纤薄的外形让人一见倾心。除了播放音乐 CD，它还支持 Mp3、WMA、ASF 等音乐格式，15 分钟 MP3 抗震，5 分钟 CD 音频抗震，自带两节 Ni—MH 香口胶电池，外接电池盒使用两节五号电池，最长可达 55 小时播放时间，拥有光纤输出/线路输出接口，线控支持中文简繁体显示，具有 6 种 EQ 模式，还继承了 iRiver 一贯的固件升级功能，对于喜欢 CD 播放器的朋友来说这实在是一件不可多得的精品。

最小的打印机

如果把中国北宋时期毕昇发明的"活字印刷"看做是最早的打印机的话，打印机就已有了 1000 多年的历史。但世界上第一台现代打印机，则是由 Centronics 公司推出的，由于当时技术上的不完善，没有推广进入市场，所以几乎没有人记住它。一直到了 1968 年 9 月由日本精工株式会社推出 EP—101 针式打印机，这才是被人们誉为第一款商品化的针式打印机。至 1984 年惠普公司生产了世界上第一台喷墨打印机。

打印机一般体积较为庞大，随着科技的快速发展，瑞典公司 Print Dreams 利用其发明的随意移动打印技术推出了 Print Brush 打印机，这款打印机是目前世界上最小，而且与打印尺寸无关的打印机（这是相对现在 A3 幅、A4 幅、A6 幅打印机而言）。

打印机

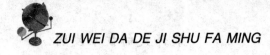
　　这款打印机的长度只和一支圆珠笔的尺寸相当，外形和一部手机差不多，重量只有 350 克，是一款便携式袖珍打印机。利用手提电脑、手机、笔记本电脑通过一根蓝牙无线连接，将网络上的信息、图片等内容下载到 Print Brush 上，然后遵循 RMPT 原则，手持该设备在任何类型的承印材料上移动，与材料的形状、尺寸和厚度均无关系。

　　设备移动之处，信息即被正确地显示打印出来。该设备已经考虑了所有的手动参数，如旋转、速度和方向的突然改变等。最终在材料印刷出来的图像与数字电子文件一模一样。传统的打印机与精密的线条移动和走纸机构密切相关，而 Print Dream 公司的 RMPT 技术可以将随意的运动（手的移动）转变成高质量的文本和图像输出。

　　RMPT 技术的应用非常广泛，包括报表、条码、处方等，事实上它可以在所有可打印的表面打印几乎所有的信息内容。RMPT 技术最早出现于 2003 年在德国召开的展会上，随后发展的速度非常快，发展过程中最大的一个突破是发明的传感器，这是一个非常精密的光学导航传感器，定位于将 RMPT 技术推向一个更高的印刷质量和性能的新境界。

最早的自动取款机

2005 年伊始，英国女王伊丽莎白二世举行授勋大典，为全球多位在本行业作出突出贡献的人颁发勋章。授勋名单中，一位年近八旬的老者格外引人注目，他就是自动取款机的发明者谢泼德·巴伦。

谢泼德·巴伦 1925 年出生在苏格兰的罗斯郡，毕业于爱丁堡大学。20 世纪 60 年代中期，他是"德拉路仪器公司"的经理。当时该公司在激烈的竞争下陷入困境，急需开发新产品使公司起死回生。谢泼德为此寝食难安。有一天，他在洗澡时突然有了灵感："我常因去银行取不到钱而恼火，为什么不能设计一种 24 小时都能取到钱的机器呢？"

一个偶然的机会，谢泼德碰到了英国巴克莱银行的总经理。谢泼德让他给自己 90 秒时间来表达这个主意，结果对方在第 85 秒就给了谢泼德答复："如果你能把你讲的这种机器造出来，我马上掏钱买。"一年后，谢泼德成功了。

1967 年 6 月 27 日，世界上第一台自动取款机在伦敦附近的巴克莱银行分行亮相，立刻吸引了大批观众。当时它叫"德拉路自动兑现系统"。"德拉路自动兑现系统"接受经过放射性碳 14 浸泡过的支票，这是当时比较先进的加密手段。这些支票事先从银行里买出来，然后取款机把支票换成现金。每张支票都有不同的化学记号，以分辨顾客身份，从正确的账户中提取现金。最初顾客从自动提款机中一次只能取 10 英

最古老的取款机

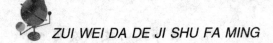

镑，因为当时 10 英镑已足够普通家庭维持周末了。

据估算，目前全球已有 150 万台自动取款机，而且每 7 分钟就增加一台。每年自动取款机完成的交易接近 110 亿次，提取资金近 7000 亿美元。因此英国媒体评价称："自动取款机给我们的经济生活带来了一场革命，使我们向一个 24 小时自助式消费社会转化。"不过，由于担心技术泄露被犯罪分子利用，谢泼德一直没为这项发明申请专利，所以尽管世界上 1/5 的自动取款机为德拉路仪器公司制造，但他本人并没因此暴富。

一项伟大的发明直到 40 年后才得到政府承认，谢泼德心里多少有些遗憾，但他表示："迟来总比不来好。"不过，现在的谢泼德正隐居在苏格兰北部一个偏僻的小镇上，过着钓鱼打猎的田园式生活，与他帮助建立的 24 小时自助式消费社会相距甚远。

最早的软盘

　　软盘的全称是"软磁盘"，是个人电脑中最早使用的可移动存储介质。作为一种可移贮存方法，它是用于那些需要被物理移动的小文件的理想选择。

　　20世纪60年代末70年代初期，IBM推出的全球第一台个人电脑，是计算机业里程碑似的革命性的飞跃。但是IBM的计算机面临这样一个问题，就是这种计算机的操作指令存储在半导体内存中，一旦计算机关机，指令便会被抹去。于是在1967年，IBM实验室的存储小组受命开发一种廉价的设备，为大型机处理器和控制单元保存和传送微代码。这种设备成本必须在5美元以下，以便易于更换，而且必须携带方便，于是软盘的研制之路开始了。

　　美国王安电脑公司当时打算发布用于字处理的计算机，感到8英寸的软盘太大，于是开始与其他公司合作生产小一点的磁盘。一天晚上，在波士顿一家昏暗的酒吧中，他们最后一致同意采用某种尺寸的软盘，这种尺寸就是餐桌上的一块鸡尾酒餐巾的尺寸，它的大小恰好是5.25英寸。从此这种软盘成为电脑的最佳移动存储设备，容量也达到360K。5.25英寸的软盘虽然从体积到容量上都有了一定的进步，但它还是有很多缺点，比如软盘采用的外包装比较脆弱，容易损坏，体积也比较大。因此很多厂家并没有满足于这种软盘，他们都在不断地进行探索，以寻求更为先进的软盘。

软盘

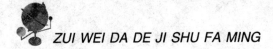
1980 年，索尼公司率先推出体积更小、容量更大的 3.5 英寸软驱和软盘，不过刚推出的时候在当时并没有被一些主要 PC 厂家所接受，市面上流行的依旧是 5.25 英寸的软盘。直到 1987 年 4 月，IBM 推出基于 386 的个人电脑系列，正式配置了 3.5 英寸的软驱后，这才引起了很多人的注意。从那时起，在 IBM、康柏为代表的厂商极力推崇下，这种 3.5 英寸的软盘开始大行其道，3.5 寸软盘以其便宜的价格、相对巨大的存储量（1.44M，百万级字节存储量）很快全面占领市场，而 3.5 英寸软盘驱动器也开始正式取代 5 英寸的软驱成为个人电脑的标准配置，走向了它一生中最辉煌的时期。

3.5 英寸的软盘都是，通常简称 3 寸。3 寸软盘都有一个塑料外壳，比较硬，它的作用是保护里边的盘片。盘片上涂有一层磁性材料（如氧化铁），它是记录数据的介质。在外壳和盘片之间有一层保护层，防止外壳对盘片的磨损。软盘提供了一种简单的写保护方法，3 寸盘是靠一个方块来实现的，拨下去，打开方孔就是写保护了。反之就是打开写保护，这时可以往文件里面写入数据。

随着硬件加工技术的发展，软盘尺寸渐渐减小，容量渐渐增加。但是由于软盘介质读取方式固有的局限——磁头在读写磁盘数据时必须接触盘片，而不是像硬盘那样悬空读写——它已经难以满足大量、高速的数据存储，而且软盘的存储稳定性也较差。后来虽然有很多升级产品如 zip、ls120 及 Jazz 等，但是都难以同时解决兼容性和速度容量两者直接的矛盾。随着光盘、闪存盘等移动存储介质的应用，软盘使用已越来越少。

最快的超级计算机

2005 年 11 月，IBM 正式向业界宣布，安装在美国劳伦斯·利弗摩尔国家实验室的蓝色基因/L 超级计算机创造了每秒钟 280.6 万亿次运算的性能纪录，峰值速度甚至达到 367 万亿次。在同月发布的世界超级计算机 500 强排行榜上，这台机器名列第一名，速度约是第二名的另一台蓝色基因的三倍。所以被称为上世界最快的计算机，IBM 蓝色基因当之无愧。

IBM 全球副总裁表示："IBM 一直致力于用创新技术推动行业发展，从蓝色基因超级计算系统性能的空前提升，可以看到 IBM 如何推动超级计算领域的高速发展，甚至推动人类科学技术的进步。蓝色基因超级计算系统在排行榜上占有 19 个席位，它被广泛应用在生命科学、气象预测、天文观测、材料科学、数字电影特效等领域。随着蓝色基因应用范围的拓展，IBM 必将凭借创新的技术为更多客户搭建随需应变的业务环境。"

蓝色基因系统是由大量运算节点组成，采用 IBM PowerPC 嵌入式处理器、嵌入式 DRAM 和系统芯片技术，并整合所有系统功能，其中包括计算处理器、通讯处理器、三层高速缓存，在单一 ASIC 上有着复杂路径的多重高速互联网络。将 1024 个计算节点（内含 2 颗 PowerPC 嵌入式处理器）放在单一机架内进行密集封装。

蓝色基因最高可以扩充到 65536 个计算节点（共计 131072 颗处理器），即 64 个机架，其峰值速度可

IBM 公司的蓝色基因/L

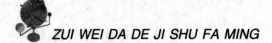

达到 367 万亿次浮点运算速度，除了成本效益，还有低耗电、冷却效果好及节省占地面积等特色。

自从 IBM 宣布以商业形式推出 IBM 蓝色基因解决方案以来（2004 年 11 月，超级计算机研究计划商业版本），已经有创纪录的 25 套蓝色基因系统出现在全球 500 强排名中。IBM 蓝色基因解决方案是基于 IBM Power 架构而设计，同时针对带宽、可扩展性和处理大容量数据的能力进行了优化处理，另外还根据当今最快系统的要求，将耗电和占地空间减小了多倍。目前，IBM 及其合作伙伴正在探索蓝色基因在高性能计算应用，包括生命科学、金融建模、流体力学、量子化学、分子动力学、天文学和空间研究及气候建模等方面的成长机会。

在全球 500 强总计的 2.791 Petaflop 的计算能力中，IBM 超级计算机的计算能力超过了 1.5 Petaflop，这是排名最接近 IBM 的竞争对手惠普总计算能力的三倍多。而且在全球 500 强排名前 10 的超级计算机中，IBM 占有 4 席，在排名前 100 的超级计算机中，IBM 也占有 46 席。

最人性化的电脑

要想让电脑有高智商，一个关键问题是要给电脑配备上智能化的软件。1999年上半年，人工智能专家们把他们开发出的智能对话软件安装在电脑上，进行了一番真刀真枪的智商大比武。在先期于澳大利亚进行的世界杯聊天电脑大赛上一台美国电脑夺魁，但不久就在英国科学周上被两台英国电脑挑落马下，可谓强中自有强中手。

世界杯聊天电脑大赛，又称鲁伊布纳人工智能大赛，由国际知名的美国人工智能专家鲁伊布纳博士于1990年创办，每年举办一次。今年的比赛由澳大利亚的弗林德斯大学承办，参赛的有来自世界各地的11台电脑，它们被各自的主人装上了不同的智能对话软件，拥有一定的与人对话的能力。比赛规则很简单：先筛选出11名电脑爱好者与这些电脑聊天，每个人和每台电脑都聊上几分钟。除此之外，世界上数万名电脑爱好者还在因特网上观摩了这次比赛。

这11名电脑爱好者中，有的是当面与这些电脑聊天，有的则是通过因特网与之聊天。这些电脑在与人交谈时，有时谈吐不凡，有时却所答非所问，仿佛它正在和另外一个人交谈。当评判官问一台电脑"你今天感觉如何"时，电脑迅速回答说"今天我的大脑很兴奋，有不少新奇的想法"；而评判官再问它"你能听见我的声音吗"，电脑却傻乎乎地回答说"不，我是个真人"，让人啼笑皆非。

经过激烈角逐，来自美国的代号为"鲁比"的电脑拔得头筹，并为主人赢得了2000美元奖金和一枚铜制奖章。虽然奖品略显寒酸，但主人在人工智能研究方面的突出成就得到了肯定，所以"鲁比"的主人也照样是笑逐颜开。

人性化的电脑

不过，令专家们感到汗颜的是，"鲁比"的主人是一位人工智能研究的门外汉。这位来自美国的电脑迷甚至从来没有获得过一个大学学位。其父亲开办了一家软件开发公司，他就从高中直接进入父亲的公司，学习如何开发制作智能型会计软件。

不过，"鲁比"只风光了不到两个月，就有更智能化的电脑将其轰下了王冠宝座。在3月中旬进行的99年英国科学周上，举办了一个"百万人试验"活动，目的是吸引老百姓们都来参与有趣的科学实验。组织者从英国各大学开发出的智能软件中挑选出智商最高的两套，分别装在两台电脑上，并取名为"阿莱克斯"和"罗宾"，欲与"鲁比"一试高低。另外，组织者还别出心裁地找来一名电脑爱好者，让他与"阿莱克斯"、"罗宾"、"鲁比"一起分别通过因特网与世界各地的网虫们聊天，然后让网虫们判断哪个是真人，哪个是电脑。网虫们对此活动倍感新奇，短短几天中就有13000名网虫通过因特网前来捧场。结果，"阿莱克斯"和"罗宾"的表现都比"鲁比"出色，有27%的网虫认为"阿莱克斯"是真人，"罗宾"也蒙骗了12%的网虫，而新科状元"鲁比"只蒙骗了11%的网虫。最滑稽的要数那名和三台电脑在一起的那位真人了，有37%的网虫硬说这名来自某大学的高才生是台电脑，真可谓真亦假时假亦真，让人哭笑不得。

最轻的化学元素

氢气是最轻的化学元素。16 世纪末瑞士化学家巴拉尔斯把铁放在硫酸中，铁片顿时和硫酸发生激烈的化学反应，放出许多气泡－氢气。在 0℃ 和一个大气压下，每升氢气只有 0.09 重，仅相当于同体积空气重量的 14.5 分之一。所以，由气字和半个轻字来称呼这种最轻的元素真是再恰当也没有了。

氢是元素周期表中的第一号元素，它的原子是 100 多个元素中最小的一个。由于它又轻又小，跑得最快也最会"钻空子"。在高温高压下，氢气甚至还能穿过很厚的钢板，因此合成氨的反应塔总是用很厚的钢筒来做。氢气的导热能力也特别好，比空气高六倍，有些发电机便用氢气来冷却。除了氦之外，氢气是最难液化的气体，沸点低达 –253℃，熔点为 –259℃。

氢在空气或氧气中能燃烧生成水，因此，它的希腊文原意是"水的生成者"。人们曾做了这样的实验：把氢气和氧气混合放在玻璃瓶中，过了几年瓶中还是没有水迹。据估计，在常温下起码要过 1000 万年以上氢气和氧气才会全部化合成水。然而，遇见火或放进一点铂粉，氢与氧立即会爆炸，在 1% 秒内化合成水。

氢是无色无味的气体，在地壳中如果按重量计算，氢只占总重量的 1%，而如果按原子百分数计算则占 17%，也就是说在地壳中，100 个原子里有 17 个是氢原子。氢在自然中分布很广，水便是氢的"仓库"，水中含有 11% 的氢；泥土中约有 15% 的氢；石油、天然气、动植物体也含有氢；在空气中氢气倒不多，约占总体积的 1000 万分之 5。在地球上，氢主要以水的形式存在。

这样轻盈的气体，很早便引起人们的注意。16 世纪中叶瑞士的巴拉塞尔斯曾用铁和硫酸作用制得了氢气，并已发现这种气体会燃烧，但却把它和其

氢气球

他的可燃性气体混淆了起来。1766年，美国化学家卡文迪许进一步研究了金属和酸的作用，通过密度测定，把氢气和其他可燃性气体区别了开来，但是错误地认为氢"是由金属中取得的可以燃烧的空气"。1776年，化学家瓦尔泰注意到氢燃烧会产生水。1781年，卡文迪许进一步肯定了这一发现。之后不久，法国化学家拉瓦锡把它取名为Hydrogen（希腊文水的构成者的意思）。至时，大家才认识到氢是一种元素。

第一个把氢气充填成气球的是法国化学家布拉克，不过他不是用的橡胶薄膜，而是用了猪的膀胱。制得了世界上第一个也是最原始的氢气球。但直到1783年，氢才被确认为化学元素。氢气的第一个工业应用是在1783年，用来充填气球。此后氢气球不仅用于娱乐而且用于高空探测，甚至载人飞行。第二次世界大战中，英国把大量气球悬在空中，用来防止德国法西斯空袭。

在现代工业中，氢是一种重要的还原剂和化工原料。氢和氧化合时放出大量的能量，产生的却只有水，所以它又是一种很有前途的无污染燃料。氢的两种同位素氘和氚更是原子能工业中的重要物资。

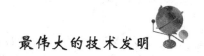

最重的金属

锇是在 1804 年由英国化学家田南特发现的。锇是世界上最重的金属，1 立方米的锇就有 22.48 吨重。从密度来看，蓝灰色的金属锇是金属中的冠军，锇的密度为 22.48 克/立方厘米，与锇相比，自然界中铁的密度只有它的 1/3，而铅只有它的 1/2。

金属锇极脆，放在铁臼里捣，就会很容易地变成粉末，锇粉呈蓝黑色。锇是一种非常稳定的金属，熔点为 2700℃。它不但不溶于普通的酸，甚至溶解力最强的王水（1 个体积的浓硝酸与 3 个体积浓盐酸配制成的混合酸）也奈何它不得。可是，粉末状的锇，在常温下就会逐渐被氧化，并且生成四氧化锇。四氧化锇在 48 摄氏度时会熔化，到 130 摄氏度时就会沸腾。锇的蒸气有剧毒，会强烈地刺激人眼的粘膜，严重时会造成失明。

锇在工业中可以用做催化剂。合成氨时，如果用锇做催化剂，就可以在不太高的温度下获得较高的转化率。如果在铂里掺进一点锇，就可做成又硬又锋利的手术刀。利用锇同一定量的铱可制成锇铱合金。我们平时常用的铱金笔，笔尖上有着不到 1 毫米的银白色的小圆粒，这个小圆

锇

粒用的就是金属锇的合金。锇是一种硬度很高的灰蓝色金属，耐磨性很好。故而用它做笔尖，再合适不过。由于这一优良特性，锇还可以用来做钟表，重要仪器的轴承，寿命会很长。

最轻的金属

　　说起金属中最轻的金属，那当然是锂。锂的比重只有0.535，是铝的1/5，水的1/2，用普通的小刀就能轻易地把它切成几块。它不仅能浮在水面上，甚至可以浮在煤油上；有人估计，如果用锂来做飞机，那么两个人就可以抬着走，实际上，锂根本不能制造飞机，甚至连筷、匙也不能做。因为锂很软，用小刀可以毫不费力地将它切开，而且化学性质又十分活泼，在热水中，它便与水发生反应，变成氢氧化锂而溶解于水了。锂在二氧化碳中也能燃烧，发出明亮的火光。

　　1817年，瑞典化学家阿·阿尔大维特桑在稀有的岩石中，发现了金属锂。但由于锂不能像普通金属那样用来制造各种物体，在它被发现的许多年中很少派上用场。直到第一次世界大战时，德国在工业生产中急需锡，却缺少锡的矿物原料。人们不得不去寻找代用品，锂这时才崭露头角，同时也开始大显身手。

　　现代技术需要的光学材料，不仅要能通过可见光，还要能透过紫外线、X射线，同时，还要具有良好的热稳定性，高的电阻率和低的介质损耗。锂质玻璃就具有这种宝贵的光学性能，因此电视机的荧光屏用的是锂玻璃。普通的望远镜很难捕捉遥远星体的辐射光，因此在天文观测中很少使用。而用氟化锂晶体制成的透镜，装在天文望远镜上，由于氟

锂

化锂对紫外线有最高的透明度，天文学家用它可以洞察到隐蔽在银河系最深外的奥秘。

锂还是制造高能电池的重要原料。1977年国际上出现了一种硬币形的锂电池，直径23毫米，厚2.5毫米，还不到5分硬币那么大，很适合微型、薄型化的电子仪器使用。这种锂电池用于耗电量低的液晶显示的桌式电子计算机，可以连续使用5~10年而不必更换。用锂电池来开动汽车，费用低，不会污染大气。

锂的一些有机化合物，如硬脂酸锂、软脂酸锂等，在环境温度变化时，性能可保持不变，是理想的润滑剂。这类润滑剂在汽车的易磨零件上加一次，就可永久使用。即使在南极大陆零下60摄氏度的冰原上，锂润滑剂照样能让汽车纵横驰骋，不会结冻。

锂是理想的火箭燃料。火箭需要很大的功率来克服地球引力，才能飞向外层空间。煤油曾经被认为是最有效的、使用液氧做氧化剂的燃料，它的发热量为2300千卡/公斤。现在，铍和锂被科学家认为是用做火箭燃料的最佳金属。锂金属燃料燃烧后释放出来的热量达10270千卡/公斤。

最引人注目的是锂作为热核反应的燃料，被用来作氢弹的爆炸物。1967年6月17日我国成功地爆炸了第一颗氢弹，装的就是氘（重氢）化锂。1000克氘化锂相当于5万吨TNT炸药，比原子弹的威力大10倍。

地壳中含量最多的元素

氧，原子序数8，原子量为15.9994，元素名来源于希腊文，原意为"酸形成者"。1774年英国科学家普里斯特利用透镜把太阳光聚焦在氧化汞上，发现一种能强烈帮助燃烧的气体。拉瓦锡研究了此种气体，并正确解释了这种气体在燃烧中的作用。氧是地壳中最丰富、分布最广的元素，在地壳的含量为48.6%。单质氧在大气中占23%。氧有三种稳定同位素：氧16、氧17和氧18，其中氧16的含量最高。

在常温常压下，氧为无色、无味的气体；熔点−218.4℃，沸点−182.962℃，气体密度1.429克/升。除了惰性气体、卤素及一些不活泼的金属需要间接才能与氧化合外，其他所有的金属和非金属都能和氧直接作用，生成氧化物。最丰富的氧化物是水和二氧化硅。氧还能与活泼金属形成过氧化物和超氧化物。

氧气的发现经历过一段曲折的历史。18世纪初，德国化学家施塔尔等人提出"燃素理论"，认为一切可以燃烧的物质由灰和"燃素"组成，物质燃烧后剩下来的是灰，而燃素本身变成了光和热，散逸到空间去了。但人们发现，炼铁时燃烧过的铁块的质量不是减轻，而是增加了，锡、汞等燃烧后，也都比原先重。为什么燃素跑掉后，物质反而会增加呢？随着欧洲工

拉瓦锡

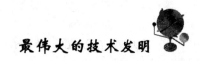

业革命的发展，金属的冶炼和煅烧在生产实践中给化学提出了许多新问题，冲击着燃素理论。

1771～772年间，瑞典化学家舍勒在加热红色的氧化汞、黑色的氧化锰、硝石等时制得了氧气，把燃着的蜡烛放在这个气体中，火烧得更加明亮，他把这个气体称为"火空气"。他还将磷、硫化钾等放置在密闭的玻璃罩内的水面上燃烧，经过一段时间后，钟罩内的水面上升了1/5高度，接着，舍勒把一支点燃的蜡烛放进剩余的"用过了的"空气里去，不一会儿，蜡烛熄灭了。他把不能支持蜡烛燃烧的空气称为"无效的空气"。他认为空气是由这两种彼此不同的成分组成的。

1774年8月，英国科学家普利斯特里（1773～1804）在用一个直径达一英尺的聚光透镜加热密闭在玻璃罩内的氧化汞时得到了氧气，称之为"脱去燃素的空气"。舍勒和普利斯特里虽然先后独立地发现了氧气，但由于他们墨守陈旧的燃素学说，使他们不知道自己找到了什么。

1775年4月法国著名的化学家拉瓦锡确定这种气体是一种新的元素，向法国巴黎科学院提出报告——金属在煅烧时与之相化合并增加其重量的物质的性质——公布了氧的发现，他说这种气体几乎是同时被普利斯特里、舍勒和他自己发现的，并命名此种气体为Oxygen（氧），是由希腊文oxus—（酸）和geinomai（源）组成，即"成酸的元素"的意思。它的化学符号为O。我国清末学者徐寿把这种气体称为"羊气"，后来为了统一，取了其中的"羊"字，因是气体，又加了部首"气"头，成为今天我们使用的"氧"字。

地壳中含量最多的金属元素

铝是地壳中含量最多的金属元素，它占整个地壳总质量的 7.45%，仅次于氧和硅，位居金属元素的第一位，是居第二位的铁含量的 1.5 倍，是铜的近 4 倍。脚下的泥土，随意抓一把，可能都含有许多铝的化合物。但由于铝的化学性质活泼，一般的还原剂很难将它还原，因而铝的冶炼比较困难。

物以稀为贵。在 100 多年前，铝被称为"银色的金子"比黄金还珍贵。法国皇帝拿破仑三世，为显示自己的富有和尊贵，命令官员给自己制造一顶比黄金更名贵的王冠——铝王冠。他戴上铝王冠，神气十足地接受百官的朝拜，曾是轰动一时的新闻。拿破仑三世在举行盛大宴会时，只有他使用一套铝质餐具，其他人只能用金制、银制餐具。

燃素学说的创立者施塔尔最早发现明矾里含有一种与普通金属不同的物质。英国化学家戴维试图用电解法来获得这种未知金属，可惜未能成功。1824 年丹麦科学家厄斯泰德得到了一些不纯净的铝，但由于他的实验结果发表在丹麦一个不著名的刊物上，没有引起科学界的重视。

铝铸件

1827 年维勒到丹麦首都拜访厄斯泰德时，厄斯泰德把制备金属铝的实验过程和结果告诉维勒。维勒回国后立即重复厄斯泰德的实验，经过他 18 年的不懈努力，终于制得一粒别针大小的铝。1854 年，法国化学家改进维勒的方法，用钠做还原剂，成功地制得成铸块的金

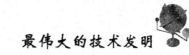

属铝。但由于钠价格昂贵，用钠做还原剂生产的铝，成本比黄金还贵得多。得维尔实现了铝的工业化生产，尽管价格不菲，他还是铸造了一枚铝质纪念勋章，上面铸上维勒的名字、头像和"1827"的字样，以纪念维勒对铝的制备的历史功绩。得维尔将这枚勋章送给维勒，以表示敬意。

1886 年，在铝的历史上又是一个里程碑。这一年美国的大学生霍尔和法国大学生埃罗，都各自独立地研究出电解制铝法。在美国制铝公司的展柜里，至今还陈列着霍尔第一次制得的电解铝粒；在霍尔的母校校园里，也矗立着他的铝铸像。法国大学生埃罗几乎在同时也制得铝。从此，铝的产量剧增。

到 20 世纪初，珠宝商人已失去对铝的兴趣，但铝却受到了整个工业界的青睐。由于铝合金具有密度小、硬度大、强度高、导电导热性好等优点，被广泛用于航空、化工、交通、建筑、国防等工业，家庭日用品中也日渐常见，逐渐成为继铁之后又一对人类发展产生重大影响的金属。从 1919 年开始，铝合金就开始用于飞机制造，此后铝和航空事业紧紧连在一起，因此有人把铝誉为"带翼的会属"。

酸性最强的化合物

我们通常所知的盐酸、硫酸、硝酸都是强酸，而食醋中的醋酸，葡萄、柠檬酸，都算作弱酸。

不管是强酸还是弱酸，都有一些共同的性质，这是因为一切酸类物质在水溶液中都能不同程度地离解而生成氢离子。它们的共同性质表现在：都有酸味，能使紫色石蕊试纸变成红色，能同镁锌等性质活泼的金属发生不同程度的反应，通常放出氢气。强酸与弱酸，尽管都有上边的一些性质，但程度上强弱不同。

硫酸、硝酸、高氯酸等已算作强酸，但并不是最强的，这些酸能溶解多种金属，却不能溶解黄金。如果把浓硝酸和浓盐酸按1：3的摩尔比混合，所得的混合酸具有超过上述六种强酸的能力，竟能溶解金属之王——金，所以被称为王水。最近发现的强酸的"酸性"比王水强几百倍，甚至上亿倍。人们把这些"酸性"特别强的酸叫做超强酸，也称"魔酸"。

十多年前，一个圣诞节的前夕，在美国加利福尼亚大学的实验室里，奥莱教授和他的学生正在紧张地做着实验。一个学生好奇地把一段蜡烛伸进一种无机溶液里，奇迹发生了——性质稳定的蜡烛竟然被溶解了！蜡烛的主要成分是饱和烃，通常它是不会与强酸、强碱甚至

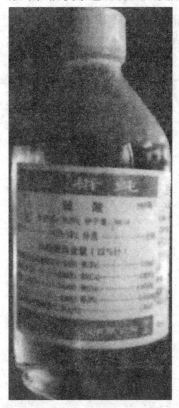

硫酸

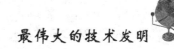

氧化物作用的。但这个学生却在无意中用这种1∶1的无机溶液溶解了它。奥莱教授对此非常惊愕，连连称奇。他把这种溶液称为"魔酸"，也就是后来所说的超强酸。

在奥莱教授和他的学生这一发现的启示下，迄今为止，科学家们已经找到多种液态和固态的超强酸。也就是说，超强酸不止一种，而是一类物质。超强酸不但能溶解蜡烛，而且能使烷烃、烯烃等发生一系列化学变化，这是普通酸难以做到的。例如，正丁烷在超强酸的作用下，可以发生 C—H 键的断裂，生成氢气；发生 C—C 键的断裂，生成甲烷；还可以发生异构化反应生成异丁烷；这些使得超强酸不愧是强酸世界的超级明星，名副其实的"酸中之王"。也正是因为有了超引酸，过去一些极难实现或根本无法实现的化学反应，在超强酸的环境里也能异常顺利地完成。超强酸现已广泛地应用于化学工业，它既可作无机化合物和有机化合物的质子化试剂，又可作活性极高的酸性催化剂，还可作烷烃的异构化催化剂等。

当然，现在人们对超强酸的构成、性质以及用途等的认识还很肤浅，尚待进一步研究。随着研究的深入，还将有众多具有十分新颖特性的超强酸问世。

最早发明元素周期表的人

宇宙万物是由什么组成的？古希腊人以为是水、土、火、气四种元素，古代中国则相信金、木、水、火、土五种元素之说。到了近代，人们才渐渐明白元素多种多样，决不止于四五种。18 世纪，科学家已探知的元素有 30 多种，如金、银、铁、氧、磷、硫等，到 19 世纪，已发现的元素已达 54 种。但直到门捷列夫之前，人们还未能探明这些元素之间的关系。

德米特里·伊万诺维奇·门捷列夫生于 1834 年 2 月 7 日俄国西伯利亚的托波尔斯克市。1857 年 1 月，他被批准为彼得堡大学化学教研室副教授，负责讲授《化学基础》课，当时年仅 23 岁。

在理论化学里应该指出自然界到底有多少元素？元素之间有什么异同和存在什么内部联系？新的元素应该怎样去发现？年轻的门捷列夫不分昼夜地研究着，探求元素的化学特性和它们的一般的原子特性，然后将每个元素记在一张小纸卡上。他企图在元素全部的复杂的特性里，捕捉元素的共同性。

门捷列夫

为了彻底解决这个问题，他的脑子因过度紧张，而经常昏眩。但是，他的心血并没有白费，在 1869 年 2 月 19 日，他终于发现了元素周期律：简单物体的性质，以及元素化合物的形式和性质，都和元素原子量的大小有周期性的依赖关系。门捷列夫在排列元素表的过程中，又大胆指出，当时一些公认的原子量不准确。如那时金的原子量公认为 169.2，按此在元素表中，金应排在锇、铱、铂的前面，因为它们被公认的原子量分别为 198.6、197.6、196.7，而门捷列夫坚定地认为金应排列在这三种元素的后面，原子量都应重新测定。大家重测的结果，锇为190.9、铱为193.1、铂为195.2，而金是197.2。实践证实了门捷列夫的论断，也证明了周期律的正确性。

在门捷列夫编制的周期表中，还留有很多空格，这些空格应由尚未发现的元素来填满。门捷列夫从理论上计算出这些尚未发现的元素的最重要

元素周期表

性质，断定它们介于邻近元素的性质之间。例如，在锌与砷之间的两个空格中，他预言这两个未知元素的性质分别为类铝和类硅。就在他预言后的四年，法国化学家布阿勃朗用光谱分析法，从门锌矿中发现了镓。实验证明，镓的性质非常像铝，也就是门捷列夫预言的类铝。镓的发现，具有重大的意义，它充分说明元素周期律是自然界的一条客观规律，为以后元素的研究，新元素的探索，新物资、新材料的寻找，提供了一个可遵循的规律。元素周期律像重炮一样，在世界上空轰响了！

"门捷列夫不自觉地应用黑格尔的量转化为质的规律，完成了科学上的一个勋业，这个勋业可以和勒维烈计算尚未知道的行星海王星的轨道的勋业居于同等地位。"元素周期律经过后人的不断完善和发展，在人们认识自然，改造自然，征服自然的斗争中，发挥着越来越大的作用。

门捷列夫除了完成周期律这个勋业外，还研究过气体定律、气象学、石油工业、农业化学、无烟火药、度量衡等。由于他总是夜以继日地顽强地劳动着，在他研究过的这些领域中，都在不同程度上取得了成就。

1907年2月2日，这位享有世界盛誉的科学家，因心肌梗塞与世长辞了。但他给世界留下的宝贵财产，永远存留在人类的史册上。

最先提出科学的原子论的人

人类对于物质的组成进行过长期的探索。倾向于唯物主义的哲学家认为：物质是由少数基本物质和元素组成的。这些说法还停留在表面层次上，不够科学深入。18世纪英国化学家道尔顿最先提出了科学家原子论，初步建立了物质构成的学说，成为19世纪化学领域最重要的成就。

道尔顿（1766—1844）生于英国坎伯兰，是一位纺织工人的儿子。他只上了两年学就退学了，不久，12岁的道尔顿就开始在教会学校教书，教会学校停办后又在一所中学教书。少年时代的这些教学生涯，使他对科学研究发生了兴趣。他早期主要关注气象学，由气象学走到了研究化学，而且在他成为一个著名的化学家之后，他对气象学的兴趣也未减弱，仍然保持记气象日记的习惯。据说他一生记了约20万次气象记录。道尔顿不是那种天资聪颖的人，但他勤奋、刻苦、百折不挠，终于以原子论学说为现代化学奠基。

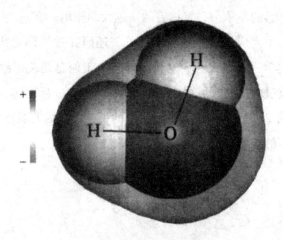

十九世纪时的水分子表示法

1803 年，道尔顿将希腊思辨的原子论改造成定量的化学原子论。1808 年，道尔顿出版《化学哲学的新体系》，系统地阐述了他的化学原子论。他提出了下述命题：首先，一切物质都是由原子组成。原子这种微小粒子不可再分，也不能自行产生或消亡。它在一切化学变化中都可保持自身的独特性质。其次，种类相同的原子，在质量和性质完全相同；种类不同的种子，它们的质量和性质不相同。他还认为，单质是由简单原子构成的，化合物是由"复杂原子"组

道尔顿像

成的，而复杂原子也是由简单原子组成的。另外，原子间化合时，呈简单的数值比。

道尔顿的原子论较为准确地说明了化学变化的本质，同时初步指出了变化中量的问题。从而使化学知识在这一理论基础上系统化起来。但是，今天的眼光审视他的理论，也会发现其中存在许多缺点错误。例如，他简单地认为"复杂原子"只不过是简单原子的机械结合，武断地认为原子是不可再分的等等。

道尔顿在提出原子论以后，还引入原子量概念。他把最轻的元素氢的原子量定为 1 个单位，从而计算出氧、氮、硫、碳等元素相应的原子量单位，并制出了化学史上第一个原子量表，列上了 14 种元素的原子量。这是化学界原子量研究的开始。

最早发现镭的科学家

19 世纪末到 20 世纪初，世界科学事业收获了重要的成果。镭元素的发现和相对论的产生，就是其中最引人注目的。镭，是一种化学元素。它能放射出人们看不见的射线，不用借助外力，就能自然发光发热，含有很大的能量。镭的发现，引起科学和哲学的巨大变革，为人类探索原子世界的奥秘打开了大门。由于镭能用来治疗难以治愈的癌症，也给人类的健康带来了福音。所以，镭被誉为"伟大的革命者"。

发现镭元素的，是一位杰出的女科学家。她原名叫玛丽·斯可罗多夫斯卡，也就是后来为世人所熟知的居里夫人。她曾两次获得诺贝尔奖，是巴黎大学第一位女教授，是法国科学院第一位女院士，同时还被聘为其他 15 个国家的科学院院士。在她的一生中，共接受过 7 个国家 24 次奖金和奖章，担任了 25 个国家的 104 个荣誉职位。

居里夫人

居里夫人 1867 年 11 月 7 日生于波兰。1895 年在巴黎求学时，和法国科学家彼埃尔·居里结婚。1896 年，法国物理学家亨利·贝克勒发现了元素放射线。但是，他只是发现了这种光线的存在，至于它的真面目，还是个谜。这引起了居里夫人极大的兴趣，激起了她童年时就具有的探险家的好奇心和勇气。

通过研究，她发现，能放射出那奇怪光线的不只有铀，还有钍。她把这些光线称为"放射线",另外还有一种新的物质,也能放射出光线,且要比铀放射的光线强得多。她把它定名为"镭",在拉丁文中,它的原意就是"放射"。

为了得到镭,居里夫妇必须从沥青铀矿中分离出镭来。经过3年零9个月锲而不舍的工作,1902年,居里夫妇终于从矿渣中提炼出0.1克镭盐,接着又初步测定了镭的原子量。

1910年,居里夫人成功地分离出金属镭,分析出镭元素的各种性质,精确地测定了它的原子量。同年,居里夫人出版了她的名著《论放射性》,并出席了国际放射学理事会。会上制定了以居里名字命名的放射性单位,同时采用了居里夫人提出的镭的国际标准。

居里夫人和她的丈夫决定放弃炼制镭的专利权。她认为,那是违背科学精神的。她曾经对一位美国女记者说:"镭不应该使任何人发财。镭是化学元素,应该属于全世界。"她回到美国后,写了大量文章,介绍居里夫妇,并号召美国人民开展捐献运动,赠给居里夫人一克纯镭。1921年5月,美国哈定总统在首都华盛顿亲自把这克镭转赠给居里夫人。在赠送仪式的前一天晚上,居里夫人又坚持要求修改赠送证书上的文字内容,再次声明:"美国赠送我的这一克镭,应该永远属于科学,而绝不能成为我个人的私产。"

最早合成塑料的化学家

塑料的发明堪称为 20 世纪人类的一大杰作。它已成为现代文明社会不可或缺的重要原料，广泛应用于航空、航天、通讯工程、计算机、军事以及农业、轻工业的食品工业等各行各业之中。

塑料，照字面上讲，是可以塑造的材料，也就是具有可塑性的材料。现今的塑料是用树脂在一定温度和压力下浇铸、挤压、吹塑或注射到模型中冷却成型的一类材料的专称。

19 世纪 60 年代，美国由于象牙供应不足，制造台球的原料缺乏。1869 年最早的人工制造的塑料赛璐珞取得专利。赛璐珞虽是最早的人工制造的塑料，但它是人造塑料，而不是合成塑料。第一种合成塑料是将酚醛树脂加热模压制得，是在 20 世纪初，1910 年美籍比利时化学家贝克兰德制成。

贝克兰德将酚醛树脂添加木屑加热、加压模塑成各种制品，以他的姓氏

命名为贝克里特，我们称为电木。第一次世界大战后，无线电、收音机等电气工业迅猛发展，更增加了对电木的需求，一直被使用到今天。

化学工业中需要不被酸作用的器械，曾用特种钢制造，价格昂贵，用耐碱的电木取代，便宜多了。但是电木却不耐碱。它是制造纽扣、棋子很好的材料。拖拉机和汽车里的一些零件也是用它制造的。

贝克兰德在做实验

1918 年，奥地利化学家约翰制得脲醛树脂，用它制成的塑料无色而有耐光性，并有很高的硬度和强度，更不易燃，能透过光线，又称电玉。20 世纪 20 年代，曾在欧洲被用作玻璃代用品。到 20 世纪 30 年代，又出现了三聚氰胺—甲醛树脂，是以尿素为原料的。三聚氰胺—甲醛树脂可以制造耐电弧的材料，它耐火、耐水、耐油。此后聚乙烯、聚氯乙烯、聚苯乙烯、有机玻璃等塑料陆续出现。这不能不说是由电木打开的门路。

从 1976 起，塑料已成为人类使上被应用最多的材料，渗透到人们生活的方方面面。电子工业必须利用金属作导体，同时必须利用塑料作缘体。通讯方面，电话线利用塑料绝缘，而且世界上每一个接收电话装置都安装在塑料壳里。家庭内有很多以塑料制造的生活设施和日常用品，如：家具、排污管、家电等，有些塑料还应用于制造涂料。塑料应用于包装业后，很快就大量打入零售商场，它使得每一件小商品的包装都大为增色。体育用品也有不少是塑料制造的。例如：用来建造冲浪板、帆板和潜水通气管等。

发现化学元素最多的化学家

目前，人类所掌握的化学元素，连同人工合成的元素一起已有 109 种。在寻找新元素的道路上，许多有才干的科学家贡献了毕生的精力。18、19 世纪瑞典化学家席勒、伯齐利乌斯各发现 4 种元素，19 世纪德国化学家拉姆塞发现 5 种元素，而独占鳌头的应推英国大化学家戴维（1778—1829）。戴维竟在短短的 4 年时间内发现 7 种新元素，它们是钾、钠、钙、锶、钡、镁、硼。

亨弗利·戴维于出生在英格兰彭赞斯城附近的乡村，父亲是个木器雕刻匠。1798 年戴维到一个气体疗病研究所实验室当管理员。1799 年 4 月，戴维制取了一氧化二氮（又名笑气）。有人认为它是一种有毒气体，又有人认为它能治疗瘫痪病。通过戴维亲身的体会，他知道这种气体显然不能过量地吸入

戴维

体内，但少量的可用在外科手术中作麻醉剂。随后他将这试验的过程和亲身的感受及笑气的性质写成小册子。许多人读到这小册子后，为戴维的介绍所吸引，好奇地以吸入笑气为时髦。戴维的名声就随着笑气而宣扬开了，许多人争先恐后地来结识戴维。此时他仅 22 岁。

1801 年初，经多人推荐，戴维被皇家科普协会聘请。到职后第六个星期就升任副教授，第二年又提为教授，成为第二任化学教授。不久，对木灰电解的成功，使戴维从木灰中得到了一种新的

元素"钾"。紧接着他采用同样方法电解了苏打，获得了另一种新的金属元素，这元素来自苏打，故命名为钠。

从1808年3月起，他进而对石灰、苦土（氧化镁）等进行电解，开始时他仍采用电解苏打的同样方法，但是毫不见效。又采用了其他几种方法，仍未获得成功。这时瑞典化学家贝采里乌斯来信告诉戴维，他和篷丁曾对石灰和水银混合物进行电解，成功地分解了石灰。根据这一提示，戴维将石灰和氧化汞按一定比例混合电解，成功地制取了钙汞盐，然后加热蒸发掉汞，得到了银白色的金属钙。紧接着又制取了金属镁、锶和钡。

在这些成绩之外，戴维还发现了伟大的科学家法拉第。由于戴维的帮助，法拉第来到了皇家科普协会实验室，由一个贫穷的订书工变成戴维的助手。虽然戴维在晚年，曾因嫉妒法拉第的成就而压制过他，但是不能不承认正是戴维对他的培养，为法拉第以后完成科学的勋业创造了必要的条件。

戴维生活的时代，工业革命在英国蓬勃地展开。燃料普遍以煤代替木材，大大刺激了煤矿的开采。然而瓦斯爆炸时常发生，它像魔鬼一样使矿工不寒而栗。矿主和矿工组成的"预防煤矿灾祸协会"，久仰戴维的大名，登门请求戴维帮助。戴维立即亲赴矿场分析这一爆炸性气体，证明可燃气体都有一定燃点，而瓦斯的燃点较高，只有在高温下才可能点燃爆炸，通常由于矿井中点火照明而引爆了瓦斯。针对这点，戴维制作了一种矿用安全灯，并亲自携带此灯深入最危险的矿区作示范。戴维的发明很快被推广，有效地减少了瓦斯的燃爆，深受矿工们欢迎。这时有人劝戴维保留这一发明的专利，但是他拒绝了，他郑重申明："我相信我这样做是符合人道主义的。"由此可见他从事科研的目的。

最先揭示燃烧现象实质的人

长期以来，人们试图对燃烧现象作出解释。17 世纪，德国化学家史塔尔（1660—1734）的解释：是：在一切可燃物体中，都含有一种特殊的物质，叫做燃索。燃索在燃烧过程中散发出去。等到它完全跑掉后，燃烧也就停止了。而燃烧过的产物。只需任何含有多量燃索的物质如木炭等供给它燃索，它就可恢复为原来的物质。例如，锌加热焙烧后，它本身的燃索丧失了，变为白色的渣滓。而只需把木炭与渣滓一同加热，锌就会被蒸馏出来。史塔尔的这学说叫做燃素说，它在 100 多年内控制着化学界对燃烧实质的认识。

但是，许多有头脑的科学家自燃素提出的那一天起，就对它抱有怀疑态度。首先，史塔尔口口声声提到的燃索，从来有被分离出来过。其次，金属在焙烧过后，总是增加了若干重量。按燃素说观点，燃素在燃烧过程中丧失，但燃烧后物质反而增重。按燃素说观点，燃素在燃烧过程中丧失。但燃烧后物质反而增重，这很难令人信服。但是，尽管许多科学家长期怀疑燃素说，真正否定这个错误观点，揭示出燃烧实质的是 18 世纪的科学家拉瓦锡。

拉瓦锡（1743—1794），法国化学家，近代化学的奠基者，生于一个律师之家，25 岁时成为法国科学院院士。就在他成为院士的时候，读到的一篇论文，说金刚石在空气中加热，会燃烧起来，变成一股气体，消踪匿迹。这篇论文使拉瓦锡深感兴趣。他采用不同的方法重做实验，金刚石却好端端的，没有烧掉！"燃烧，跟空气大有关系。"拉瓦锡作出了这样的猜测。

1774 年 10 月，普利斯特里来到巴黎，把自己两个月前发现"氧"的事告诉了拉瓦锡。正在此时，拉瓦锡还收到瑞典化学家舍勒 9 月 30 日的来信，得知了舍勒也发现了氧气。不过，舍勒是一个"燃素学说"的虔诚的拥护者，他把氧气称为"火空气"。正因为如此，他同样没有揭开燃烧的奥秘，坐失良机。

拉瓦锡受到普利斯特里和舍勒的启发，做了很精细的实验。由于这个实验一连进行了 20 天，所以被人们称为"二十天实验"。实验结束时，钟罩里的空气的体积，大约减少了 1/5。他收集了红色的渣滓，用高温加热，"三仙丹"分解了，重新释放出气体。拉瓦锡总共得到 7～8 立方英寸的气体，正好与原先钟罩中失去的气体体积相等。至于剩下来的气体，既不能帮助燃烧，也不能供呼吸用。拉瓦锡把

燃烧实验

那占空气总体积五分之一的气体，称为"氧气"。至于剩下的占空气总体积五分之四的气体，拉瓦锡称它为"氮气"。就这样，千百年来被人们当做"元素"的空气，终于被拉瓦锡揭开了真面目——原来，空气是由氧气、氮气、二氧化碳等气体混合组成的。

随着空气之谜被揭开，燃烧的本质也随着被拉瓦锡查清楚了。1789 年，拉瓦锡在他的名著《化学概论》里，清楚地阐明了燃烧的本质：（1）燃烧时发出光和热；（2）物质只有在氧气中燃烧（也有例外，如氢气能在氯气中燃烧，氯气也能在氢气中燃烧）；（3）氧气在燃烧时被消耗；四、燃烧物在燃烧后所增加的重量，等于所消耗的氧气的重量。拉瓦锡坚决摒弃了"燃素学说"，他指出：世界上根本不存在什么"燃素"。

最细的针头

据《日本经济新闻》近日报道，很多人打针时都怕疼，日本国内最大的医疗器械制造公司泰尔茂近日开发出世界最细的注射针头，可以解决这一问题。

这一针头的直径只有 0.2 毫米，扎进皮肤伤口很小，几乎没有痛感。研究人员又采取锥形加工法使针头变形，成功地解决了因针头变细导致的药液流淌不畅的问题。

日本的糖尿病患者据说有 700 万，一些病情严重的患者每天要注射 5 次胰岛素，没有痛感的注射针头对他们来说可谓是雪中送炭。泰尔茂公司计划一两年内向进行胰岛素自我注射的糖尿病患者推出这一新产品。

目前日本患者多使用美国生产的针头，泰尔茂的新产品不仅可以夺回国内市场，在世界市场上也将占有一席之地。有关人士认为，它至少能带来 700

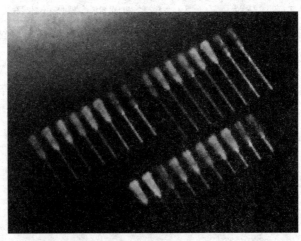

细针头

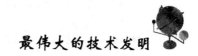

亿日元的经济效益。

据医学史书记载，注射器出现的最初形态是灌肠器。中国汉代医学家张仲景在他的《伤寒论》（写于公元219年）《阳明全篇》中写道："阳明病，自汗出，若发汗，小便自利者，此为津液内竭，虽硬不可攻之，当须自欲大便，宜蜜煎导而通之。若土瓜根及大猪胆汁，皆可为导。"在此书的"猪胆汁方"一文中又明确指出："大猪胆一枚，泻汁和陈醋少许，以灌谷道（肛门）内，如一食顷，当大便，出宿食恶物甚效。"如何"灌谷道"呢？他写道："以小竹管……内入谷道中。"这种小竹管就是灌肠器——注射器的雏形。

到了15世纪，欧洲进入文艺复兴时期，随着医学科学的发展，医学家们为了深入研究人体组织，纷纷进行尸体解剖。为解决尸体防腐问题，意大利著名解剖学家欧斯达狄士等先后将防腐剂通过"注射器"注入尸体的血管里。至1851年，法国医生普拉威茨制成一个金属注射器。在同一时代里，爱尔兰医生德林也用自己制造的金属注射器给病人注射镇痛剂。1896年，德国科学家路尔制成第一个玻璃注射器后，它才广泛地应用到临床上。

最早的听诊器

听诊器的发明至今已有近两个世纪的历史，但在两个世纪之前的长达1500余年的时间里，医生在没有听诊器帮助的情况下，只能采用一种直接听诊法。也就是，医生取一片布铺放在病人身体有病的部位上，然后把耳朵贴上去听。虽说这种诊断办法也曾诊断出了一些疾病，但也存在明显的缺点，它既不卫生，也不方便，听音效果还难于准确辨别，而且，不是人体所有部位发生的病变都能用直接听诊法听出来的。为此，人们特别是医生们都在努力寻找一种科学实用的听诊器械。

200多年前，奥地利有位医生临床实践中根据声音判断胸腔内器官的健康状况。当时，许多医生都不相信这一说法，法国医生雷纳克却记在心里。

一天，雷纳克带小女儿去公园玩跷跷板。孩子玩够了就将自己的耳朵贴在跷跷板的一头，叫爸爸用手指在另一头敲鼓点给她听，雷纳克的鼓点节奏越敲越轻，连自己都几乎无法听清了，可小女儿却越听越入神，还说敲得很好听。雷纳克觉得很奇怪，就叫女儿敲，自己听，声音果然清晰。他高兴地大声嚷起来："有了，有办法了！"

原来，几天前一位贵妇请他看病，因不宜用耳朵直接贴附其胸部来听诊，故不能得到令人满意的检查结果，使雷纳克很着急，一时也想不出好办法。女儿的声音

听诊器的发明者勒内克像

游戏启发了他，第二天，雷纳克在医院的门诊部拿起一张纸，把它卷起来，用一根线绑上，形成一个中空的喇叭筒，然后把它放在患者的胸口听心脏跳动的声音，这就是世界上最早的听诊器。

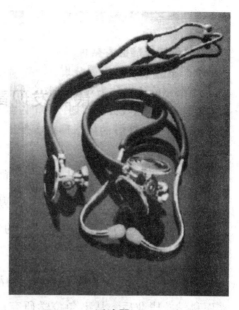

听诊器

此后，他又做了许多次相关实验。由于他擅长用机床车木头，便用雪松和乌木制作了一个木头筒，筒长30厘米，外径3厘米，内径5毫米。这个圆筒由两节合成，便于医生携带，这实际上就是木制的单耳式听诊器。雷纳克将它命名为"胸部检查器"，由于它的形状像一只笛子，于是人们又将其称为"医者之笛"。不幸的是，雷纳克本人在发明了听诊器后不久就患上了肺病，在1826年去世了。

雷纳克在世的时候，他对肺病进行了全面深入的研究，整理了有关资料，撰写了一本影响深远的医学巨著，使人类的临床医学进入了一个新纪元。虽然如此，雷纳克却受到了他的同乡布鲁赛斯医生的强烈反对，布鲁赛斯曾推广利用水蛭吸血的办法给人治病而导致了许多患者的死亡。布鲁赛斯讥讽雷纳克的书是"一堆无可争辩的事实和毫无用处的发现"。后来，人们在雷纳克发明的基础上继续前进，逐步改制成了现代临床医生所广泛使用的双耳听诊器。当医生听诊时，再也不用经历雷纳克的尴尬遭遇了。

最早发现青霉素的人

青霉素是指分子中含有青霉烷、能破坏细菌的细胞壁并在细菌细胞的繁殖期起到杀菌作用的一类抗生素，是从青霉菌培养液中提制的药物，是第一种能够治疗人类疾病的抗生素。它的发明者是英国细菌学家亚历山大·弗莱明。

弗莱明于 1881 年出生在苏格兰的洛克菲尔德。弗莱明从伦敦圣马利亚医院医科学校毕业后，从事免疫学研究；后来在第一次世界大战中作为一名军医，研究伤口感染。他注意到许多防腐剂对人体细胞的伤害甚于对细菌的伤害，认识到需要某种有害于细菌而无害于人体细胞的物质。

战后弗莱明返回圣马利亚医院。1922 年他在做实验时，发现了一种他称之为溶菌霉的物质。溶菌霉产生在体内，是粘液和眼泪的一种成分，对人体细胞无害。它能够消灭某些细菌，但不幸的是在那些对人类特别有害的细菌面前却无能为力。因此这项发现虽然独特，却不十分重要。

弗莱明发现青霉素

1928 年弗莱明做出了他的伟大发现。在他的实验室里，有一个葡萄球菌培养基暴露在空气之中，受到了一种霉的污染。弗莱明注意到恰好在培养基中霉周围区域里的细菌消失了，他正确地断定这种霉在生产某种对葡萄球菌有害的物质。不久他就证明了这种物质能抑制许多其他有害细菌的生长。这种物质——他根据其生产者霉的名称（青霉菌）将其命名为青霉素——对人或动物都无毒作用。

弗莱明的研究结果发表于1929年，但是起初并未引起高度的重视。弗莱明指出青霉素将会有重要的用途，但是他自己无法发明一种提纯青霉素的技术，致使这种灵丹妙药十几年一直未得以使用。

1935年，英国牛津大学生物化学家厄恩斯特·鲍里斯·钱恩和物理学家霍德华·瓦尔特·弗洛里偶然读到了弗莱明的文章，很感兴趣。钱恩负责青霉素的培养和分离、提纯、强化，使其抗菌力提高了几千倍，弗洛里负责对动物观察试验。至此，青霉素的功效得到了证实。

在英美政府的鼓励下，医药公司进入了这个领域，很快就找到了大规模生产青霉素的方法。起初，青霉素只是留给战争伤员使用，但是到1944年，英美公民在医疗中也能够使用了。1945年战争结束时，青霉素的使用已遍及全世界。

青霉素的发现对寻找其他抗菌素是一个巨大的促进，这项研究导致发明出了许多其他"神奇的药物"，但是青霉素却是用途最广的抗菌素。

青霉素不断保持领先地位的一个原因在于它对许多有害微生物都有效。该药能有效地治疗梅毒、淋病、猩红热、白喉以及某些类型的关节炎、支气管炎、脑膜炎、血液中毒、骨骼感染、肺炎、坏疽和许多其他种疾病。

青霉素的另一个优点是使用的安全范围大。50万单位青霉素的剂量对某些感染是有效的，但每日注射100万单位青霉素也没有副作用。虽然有少数人对青霉素过敏，但是对大多数人来说该药为既有效又安全的理想药物。

由于青霉素的发现和大量生产，拯救了千百万肺炎、脑膜炎、脓肿、败血症患者的生命，及时抢救了许多的伤病员。青霉素的出现，当时曾轰动世界。为了表彰这一造福人类的贡献，弗莱明、钱恩、弗罗里于1945年共同获得诺贝尔医学和生理学奖。

最早发现病菌的人

现在，人们还经常听说什么"艾滋病病毒"、"蘑菇病病毒"等等，"病菌"和"病毒"到底是什么东西？它们又是被谁最早发现的呢？

其实，"病菌"和"病毒"都是可以使人和动物致病的微生物，它们非常非常小，肉眼看不见，只有在显微镜下才能看清它们的样子。它们都是被法国杰出的微生物学家和化学家路易斯·巴斯德发现的。

巴斯德于1822年12月27日生于法国汝拉省的多尔。他在偶然中，采用了一种特殊方法，得到了分离的两种结晶，对立体化学起到了决定性的推动作用。但使他载入史册的却是他在微生物学方面的巨大成就，也即是"病菌"和"病毒"的发现。

1865年，欧洲蔓延着一种可怕的蚕病，法国南部的蚕也大批大批的死掉，使南方的丝绸工业遭到了严重打击。人们向当时是巴黎高等师范大学的生物学教授巴斯德求援。他得到消息之后，马上到法国南部实地调查。他首先取来病蚕和被病蚕吃过的桑叶仔细观察，一连几天和助手通宵达旦地工作。

很快，他通过显微镜发现蚕和桑叶上都有一种椭圆形的微粒。这些微粒能游动，还能迅速地繁殖后代。他找来没病的蚕和从树上刚摘的桑叶，在显微镜下，没发现那种微粒。"这就是病源！"巴斯德兴奋地叫了起来。他立即告诉农民，把病蚕和被病蚕吃过的桑叶统统烧掉。这样，蚕病被控制住了。

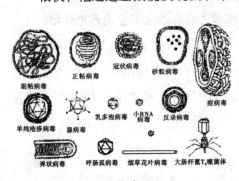

病毒

通过蚕病事件，巴斯德为人类第一次找到了致病的微生物，给它取了个名字，叫"病菌"。怎样防止蚕病传染呢？巴斯德带了病蚕回巴黎的实验室进行研究。两年之后，他找到了防止的方法：把产完卵的雌蛾钉死，加水把它磨成糊糊，放在显微镜下观察，蚕有病菌，就把它产的卵烧掉；蚕没病菌，就把它产的卵留下，用没有病菌的蚕卵繁殖，蚕病就不会传染。

巴斯德像

1880 年，法国鸡霍乱流行，怎样才能使鸡不得传染病呢？这成了巴斯德新的研究课题。不久，他向科学院送上了自己的研究报告，他发现了传染病的免疫方法。巴斯德把导致鸡霍乱流行的病菌浓缩液注射到鸡身上，当天鸡就死了。病菌浓缩液放了几个星期之后，巴斯德又给鸡注射，鸡却没有死。经过多次实验，巴斯德认识到，病菌放一段时间之后，不仅毒性大为减少，而且还有抗病的效力。这样，他就制成了鸡霍乱疫苗，注射后，能增强鸡的抵抗力，防止霍乱传染。

掌握了制造疫苗的方法之后，巴斯德开始研究人类致病的原因，结果发现了多种病菌。他还发现在高温下，病菌很快就会残废，于是他向医生宣传高温杀菌法，可以防止病菌传染。现在，我们医院里使用的医疗器械，都要用高温水蒸气蒸煮，这就是用巴斯德发明的消毒方法，后人叫它"巴氏消毒法"。他组织学生们和助手们进行了无数次实验，制成了伤寒、霍乱、白喉、鼠疫等多种疫苗，控制了多种传染病。现在，儿童要打防疫针，这种免疫方法，就是巴斯德发明的。疯狗咬人，人就会得"狂犬病"，全身抽搐而死。巴斯德在显微镜仔细观察狂犬的脑髓液，没有发现病菌。可是把狂犬髓液注射进正常犬的体中，正常犬马上就会得病死掉。"这是一种比细菌还要小的病源！"巴斯德惊奇地对助手们说。人们就把这种比细菌还小的生物病源叫做"病毒"。

人体最强的免疫系统

人体的免疫系统能控制各种免疫细胞，有效力地抗击病毒，攻击细菌，识别外来物质，并加以歼灭，达到免疫的作用。健康的人，自身的免疫系统足以预防疾病，对抗病源，甚至对环境污染与病毒的侵害都能给予抵抗。一旦免疫系统受到破坏或者功能丧失，就会导致疾病，甚至死亡。通常说的人体免疫力就是指人体的免疫系统抵御外来病毒等侵害的能力。

人体免疫系统分非特异性免疫和特异性免疫两种情形。非特异性免疫主要由人体的皮肤、肠胃和呼吸道黏膜完成，是人体的第一道防线，也是人体的"物理生化防御机制"。这道防线把人体内部与外部环境隔离开来，皮肤用于防御细菌、病毒等病原微生物。如果皮肤破损，病原体就很容易侵入人体并造成感染。呼吸系统中被黏液包裹的鼻毛能够把我们吸入的空气中的病原体和污染物隔除，并将其送到喉咙形成痰吞咽或吐掉。受污染最重的是肠胃。

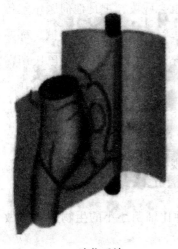

消化系统

正像人们常说的"病从口入"，它是病原体侵入人体的第一道入口。一些病菌也正是借助这一入口，成功地进入人体内并开始危害人体健康。

特异性免疫是人体的主动防御体系，主要由人体的体液和细胞完成。特异性免疫是人体内环境对进入的一些不是人体自身存在的细菌、微生物等的鉴别和杀灭。只要被人体的特异性免疫判定为"外来者"，细菌和寄生虫就会被"格杀勿论"；如果一些人体特异性免疫不能杀灭的病菌和寄生虫进入人体，就会对人体造成危害，影响人的健康。其中，体液免疫主要依靠抗体。抗体分很多种，是在病毒等异物进入人体后形成的，一旦人体能够制造某种抗体，它就会在人的体液内循环，并且通常能够持续很多年；而且，每种抗体只对特定的病毒有效，对于不是引起自己出现的病毒，抗体无能为力。

消化系统是人体最强的免疫系统，它透过化学作用打散食物，使其吸收、重建细胞，同时也负责消除食物里的毒素。消化系统是由消化管道和消化腺所组成，主要功能是摄取和消化食物，吸收其营养物质后，再把食物残渣排泄出体外。整个消化过程可分为物理性消化和化学性消化两个部分。物理性消化包括磨碎食物，把食物与消化液混合，并透过胃、肠等的蠕动，把混合物在消化管道内向下推动。化学性消化是指消化腺分泌消化液，把在消化管道内的食物分解成可吸叫的化合物。

经常参与体育锻炼，能使人食欲大增，因而令消化腺分泌更多消化液，消化管道作更强的蠕动，胃肠的血液循环亦更加得以改善。于是，食物的消化和营养物质的吸收都会进行得更加充分和畅顺。甚至有人采用体育锻炼以治疗消化不良等胃肠有关的病症，并获得一定的疗效。不过，仍值得注意的就是，如果运动锻炼的时间安排不当（如饱餐后立刻进行训练），又或者是运动量和运动强度方面掌握得不好，可能反而会导致胃肠的消化功能紊乱，影响健康。

人体最长和最短的骨头

人的骨头是很硬的。有人曾作过一番测试，每平方厘米的骨头能承受2100公斤的压力，花岗石是很硬实的，也只能承受1350公斤。

人的骨头中，一半是水，一半是矿物质和有机物。一般，成年人尤其是老人骨头中矿物质的比例比较大，因而骨头硬而脆，容易骨折。少年儿童恰好相反，有机物的比例较大，所以他们的骨头韧而嫩，容易变形。相比之下，男子的骨头重而粗，女子的骨头轻而细；胖人的骨头，表面比较光滑，而瘦子的骨头表面比较粗糙。

通常，成年人有206块骨头，包括颅骨、躯干骨和四肢骨。

儿童的骨头比成年人多一些，一般为217块或218块。他们正处于生长发育时期，没有成型的骨头如骶骨和尾骨等，往往几块连在一起，长大成人后，几块相连的骨头便合为一块了。人体的骨头形状不同，大小各异，可分为长骨、短骨、扁骨和不规则骨四种类型。其中，长骨像棍棒，短骨近似立方体，扁骨犹如扁扁的板条。

腿部的股骨、胫骨和腓骨是人体最长的骨头，它们和外面的骨膜、里面的骨髓以及肌肉、神经等组织组成了人体的重要支柱，随着年龄的增长，肌纤维逐渐萎缩。例如30岁的男子，肌肉占体重的43%，而老年后则仅占25%。骨骼也发生一系列的变化：在骨骼的化学成分方面，青年人骨骼中的无机物占

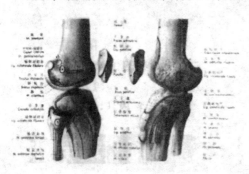

股骨远端和胫腓骨近端

50%，中年人占66%，而老年人则可占到80%。无机物含量越高，骨骼的弹性、韧性则越低，也越容易发生骨折。同时，进入老年后，关节组织也变得比较粗糙，肉芽组织长大，关节软骨可发生退行性变化甚至变形。一个人的膝关节一般只经得起四五十年的使用，在这以后，随着骨关节间的韧带松弛，支撑关节的功能下降行动也可受到限制。有个叫康斯坦丁的德国人股骨长75.9厘米，可称得上是世界之最。

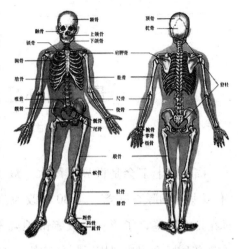

人体骨骼

耳朵里的3块骨头是人体最小的骨头，其中最小的镫骨只有0.25～0.43厘米长。人的耳朵是由外耳、中耳和内耳三部分组成的，具有产生听觉和平衡的功能。提起耳朵，大多数人立刻会自然而然地想到长在头部两侧的外耳。其实耳廓是耳朵中相对简单，与听功能关系不大的一部分。外耳的另一部分叫外耳道，长约3厘米，与鼓膜相连，其间长有大量毳毛和耳垢腺，这里是耳垢的出处，也是游泳时耳道容易进水的地方。不过，人耳中最重要的结构还是中耳和内耳，这才是使我们能听得见、听得清的基本结构，也正是镫骨的"居所"。

镫骨很小，只有在显微镜下才能看清楚。但它在我们的听觉生理中却起着举足轻重的作用，因此我们要注意保护它。如果三块听骨中的任意一块发生病变，或者砧镫关节被破坏，就会造成声音传导障碍，严重时会引起传导性耳聋。

最早创办红十字会的人

　　国际红十字会是世界上最大、最著名的国际医疗慈善机构之一，初名"伤兵救护国际委员会"，1880 年改为"红十字国际委员会"。1864 年 8 月 22 日在日内瓦签订了第一个改善战地陆军伤者境遇之日内瓦公约，概括地将 1863 年国际会议决议用国际公约的形式固定下来。国际红十字会是世界性组织，总部设在日内瓦，现有成员国 139 个。国际红十字大会是最高审议机关，成员包括各国红十字会，红十字国际委员会，红十字协会和日内瓦公约缔约国政府的代表。大会通常 4 年举行一次。大会休会期间的执行机构是国际红十字会常设委员会，由 7 人组成。一般每年举行两次会议。

　　国际红十字会的宗旨是战时救护所有伤员，不管是盟友还是敌人；平时预防灾难，救济难民，包括急救，事故预防，水上救护，培训护士助理和助产员，以及兴办妇女儿童福利中心，医疗站，血库及其他多种服务设施等。最早创办红十字会的人是亨利·迪南，他于 1828 年生于日内瓦，1910 年 10 月 30 日在瑞士海登去世，终年 82 岁。

日内瓦国际红十字会总部

　　青年时的迪南就对社会底层的老弱病残怀有深切的同情心，主张废除奴隶制。1859 年，他来到索尔弗里诺，恰逢拿破仑三世直接指挥的意法对奥战争中的索尔弗里诺战役的最后阶段。在那里，他看到了尸横遍野的惨状。一些快要死去的伤员挣扎着，拉着他的裤管惨叫：

"水！快给我水！"这悲惨的情景，使迪南立即投入了救护伤员的工作。

1862 年，迪南根据这次经历写了一本书：《索尔弗里诺的追忆》。在书中，他把因缺乏医疗护理而导致伤员死亡的悲惨情景描写得淋漓尽致，并提出主张：制定法律，保证以人道主义态度对待战俘；在世界各国创建志愿救护者的常设组织，不分种族、国籍、宗教信仰和政治信念，救助伤员。迪南的书和倡议立即引起强烈的反响，并被译成各种文字，传遍欧洲。一些国家的王公、元首，甚至亲身经历了索尔弗里诺战役的拿破仑三世都对此表示支持。

1863 年初，日内瓦公共福利会研究了迪南的倡议，决定成立一个包括迪南在内的 5 人委员会。随后，迪南奔走于 14 个国家，宣传他的主张，终于促成了在同年 10 月召开的具有历史意义的会议。来自 15 个国家的 36 位人士参加了会议，会上提出成立民间救护团体。为了表示对迪南本人的敬意并表彰东道国瑞士对会议所作的贡献，代表们一致同意，以瑞士的国旗为标志，只是颜色改为相反的白底中间一个红十字，并定名为"国际红十字会"。第二年，由瑞士政府发起，在日内瓦召开了有 16 个国家政府的代表参加的外交会议，签订了《关于改善战地伤兵境遇的公约》。从那时起，伤兵救护组织就开始在各国成立起来。如今红十字运动已在全球 170 多个国家开展，红十字会已成为世界三大组织之一。

迪南把一切都献给了救护事业，他耗尽了自己的资财，自己的企业也于 1867 年破产。后来他曾在巴黎的贫民窟生活过，还因付不起房租而睡过火车站的长凳。62 岁时，他在瑞士海登为老年人创建了一座济贫院。这位国际红十字会的奠基人于 1901 年获得首次诺贝尔和平奖金。

最早创办护士学校的人

当今世界各国护士的最高荣誉，是国际红十字会颁发的南丁格尔奖章。英国妇女南丁格尔（1820～1910年）毕生从事护理工作，是欧美近代护理学和护士教育创始人之一。她多次在危难环境中救死扶伤，并最早制定了科学的护理条例，创立了世界第一所护士学校，培养出第一批经过严格训练的护士。南丁格尔使护士成为崇高的人道主义的职业，她自己也为后人所崇敬。

南丁格尔出生于意大利佛罗伦萨的一个有钱有势的家庭，小时候受过良好的教育，并且常随母亲走访穷人和病人。她不顾世俗的偏见和父母的反对，毅然投身于当时只有最低层妇女和教会修女才担任的护理工作。无论到哪个国家旅行，她都去访问医院，并专门在德国学习护理技术。回国以后，在伦敦一家医院里担任督察。

南丁格尔

1854年克里米亚战争爆发。南丁格尔立即率领38名护士，奔赴前线斯库塔里医院，参加伤病员的护理工作。当时用品缺乏，水源不足，卫生条件极差。她克服种种困难，改善医院后勤服务和环境卫生，建立医院管理制度，提高护理质量，使伤病员死亡率从42%，急剧下降到2%。南丁格尔不仅表现出非凡的组织才能，而且对伤病员的关怀爱护感人至深。士兵们亲切地称她为"提灯女士"、"克里米亚的天使"。

战后南丁格尔一直致力于护理工作，她被称为民族英雄，但她谦恭礼让，谢绝了官方的交通工具和一切招待盛会，决心为改善英军的卫生条件而继续努力。1857 年，她促成开办了陆军军医学校。1860 年，南丁格尔用公众捐助的 4400 英镑南丁格尔基金，在英国圣·托马斯医院内创建了世界上第一所正规护士学校——南丁格尔护士学校。随后又着手助产士及济贫院护士的培训工作。她对医院管理、部队卫生保健、护士教育培训等方面，都做出了卓越的贡

南丁格尔奖章

献，被后世誉为现代护理教育的奠基人。她还提出公共卫生护理思想，认为要通过社区组织从事预防医学服务。她一生培训护士 1000 多人。主要著作《医院笔记》、《护理笔记》等成为医院管理、护士教育的基础教材。推动了西欧各国乃至世界各地护理工作和护士教育的发展。由于她的努力，护理学成为一门科学。

1867 年，在伦敦滑铁卢广场，建立了克里米亚纪念碑，并为南丁格尔铸造提灯铜像，和西德尼·赫伯特的铜像并列在一起。

1907 年，英国政府授予南丁格尔最高荣誉勋章，这是首次将该勋章授予女性。1910 年的一个晚上，南丁格尔这位 90 岁的疲惫老人，在睡梦中安然长逝。为了永远纪念她，国际护士协会和国际红十字会，把她的诞生日定为国际护士节，并决定以南丁格尔的名字命名最高护士名誉奖，即南丁格尔奖。自 1912 年以来，每两年对各国卓有成就的护士颁发南丁格尔奖一次。南丁格尔使伤病员们心中感到无比温暖的那盏灯，将永远照耀护理事业的道路。

死亡率最高的疾病

心血管疾病是现代人的第一大杀手。现在全球有近 1/4 人口为心血管及相关疾病所威胁，而且终其一生，可能有 1/3 人的人生为心血管疾病阴影所笼罩，最后有 1/5 的人口死于心血管相关疾病。因此，与心血管疾病的抗争不分区域、人种，已成为全人类的挑战之一。根据世界卫生组织预测，至 2020 年，非传染性疾病将占我国死亡原因的 79%，其中心血管疾病占首位。

心血管疾病包括心脏病、高血压、高脂血症等。具有"发病率高，死亡率高，致残率高，复发率高"以及"并发症多"的特点。其病因主要是动脉硬化。动脉硬化即动脉血管内壁有脂肪、胆固醇等沉积，并伴随着纤维组织的形成与钙化等病变。这种病变发展至心脏冠状动脉时则形成冠心病（心脑痛、心肌梗死及急性死亡）。从正常动脉到无症状的动脉粥样硬化、动脉搏管狭窄，需要十余年到几十年的时间。但从无症状的动脉硬化到有症状的动脉硬化，如冠心病或中风，只需要几分钟。很多病人因毫无思想准备，也无预防措施，所以死亡率很高。

许多心血管疾病的发生和流行，在某种意义上说是同人类历史的发展相联系的。远古时代，人们过着采集和狩猎的群居生活，他们所摄取的都是未经加工的天然食物，营养成分相对平衡。随着生产的发展、阶级的分化、环境（包括饮食）的改变，营养不平衡的现象逐渐发生。少数人可能出现营养过剩，而更多的人则处于营养缺乏的状态。这两种极端，加上其他因素，均可导致各种不同的心血管疾病的发生。根据历史资料，古罗马的贵族过着奢侈豪华的生活，其膳食成分与现今西方国家十分接近，已记录这些人中有心绞痛和突然死亡发生。在埃及贵族的干尸中也发现有明显的动脉粥样硬化。

我国长沙马王堆出土的距今 2000 多年的西汉宫室女尸，经现代病理学证实有动脉粥样硬化和心肌梗塞的病理变化。尽管如此，本病在古代究竟仍属少数。

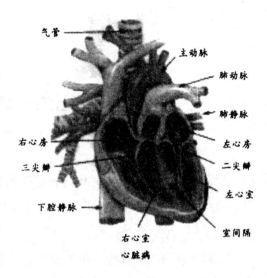

气管
主动脉
肺动脉
肺静脉
右心房
左心房
三尖瓣
二尖瓣
左心室
下腔静脉
室间隔
右心室
心脏病

心脏病

到了近代，尤其是西方国家，人们的生活方式和饮食结构发生了越来越大的变化。根据晚近资料，美国平均每人每日摄入的脂肪在 100 克以上，而且主要为动物脂肪，食物胆固醇为 400～700 毫克，平均 560 毫克，粗粮的摄入很少，而精糖的消耗量却很高。此外，酒精和食盐的消耗量也很大。总热量摄入过多以及各种营养素之间的平衡失调可能是造成心血管病，尤其是冠心病广泛流行的主要原因之一。

专家在指出西方人饮食变化及其带来的危害时，曾引用一句俗语"人们正在用自己的牙齿挖掘自己的坟墓"。这种情况已引起心脏病学家、营养学家、公众及社会有关部门的重视。目前，世界上有 16 个关于"饮食脂肪与冠心病"的专家委员会纷纷提出一系列的膳食改革措施。美国国会于 1977 年提出"饮食脂肪方针"，倡导人们进食更多的谷物，以使复杂的糖摄入量，由原来仅占总热量的 28％增加到 48％，脂肪的摄入由总热量的 40％降至 30％，并适当控制动物脂肪与植物渍的比例，增加蔬菜和瓜果，限制胆固醇、蔗糖和盐的摄入。

最早提出生物进化论的人

1859 年，达尔文的划时代的著作《物种起源》出版了。在物种神圣的年代，这一事件震动了整个世界，包括科学界和平民百姓，首印 1250 册在一天之内便销售一空。

达尔文在人工选择理论的基础上，提出了以自然选择为基础的进化学说以及性选择和人类起源理论。他创立的进化论从丰富的事实出发，论证了生物进化的科学性，同时对生物进化的机制提出了合理的解释。自此，只要说到"生物进化论"，人们想到的就是达尔文。殊不知，法国的科学家拉马克，早在达尔文之前就已提出了生物进化论。

1744 年 8 月 1 日，拉马克出生于法国南部的一个村庄。1768 年拉马克与他的良师让·雅克·卢梭相识，卢梭是当时法国著名的思想家、哲学家、教育家、文学家，对拉马克的成才起了巨大的作用。卢梭经常带他到自己的研究室里去参观，并向他介绍许多科学研究的经验和方法，使拉马克由一个兴趣广泛的青年，转向专注于生物学的研究。从此拉马克花了整整 26 年的时间，系统地研究了植物学，在任皇家植物园标本保护人的职位期间，于 1778 年写出了名著《法国全境植物志》。后又研究动物学，1793 年应聘为巴黎博物馆无脊椎动物学教授，于 1801 年完成《无脊椎动物的系统》一书，此书

达尔文猴子

中他把无脊椎动物分为 10 个纲，是无脊椎动物学的创始人。1809 年出版了《动物学哲学》，当时他虽已 65 岁，但仍潜心研究并写作，于 1817 年完成了《无脊椎动物自然史》。

拉马克像

《无脊椎动物的系统》、《动物学哲学》在科学史上具有重要的地位。他在《动物的哲学》中系统地阐述了他的进化学说（被后人称为"拉马克学说"），提出了两个法则：一个是用进废退；一个是获得性遗传。并认为这两者既是变异产生的原因，又是适应形成的过程。他提出物种是可以变化的，种的稳定性只有相对意义。生物进化的原因是环境条件对生物机体的直接影响。他第一次从生物与环境的相互关系方面探讨了生物进化的动力，为达尔文进化理论的产生提供了一定的理论基础。但是，由于当时生产水平和科学水平的限制，拉马克在说明进化原因时，把环境对于生物体的直接作用以及获得性状遗传给后代的过程过于简单化了。

除此之外，他在无脊椎动物领域里的工作明显提高了当时的分类水平；他第一次从昆虫类中分出来甲壳类、蛛形类和环虫类；他对软体动物的分类远超前人；拉马克甚至还发表过关于物理和气象方面的文章，包括一些气象数据的年度编撰。这些工作在拉马克的有生之年并未被人注目，他的同事居维叶虽然欣赏他在无脊椎动物方面的成就，但对拉马克的进化理论，居维叶却利用自己的影响来压制它。

拉马克一生中的大多数时间都在与贫困作着斗争。祸不单行，1818 年他的眼睛失明了，此后的时光是在黑暗中度过的，他的女儿照看着他（拉马克结过四次婚）。当 1829 年 12 月 28 日拉马克去世时，他的葬礼完全是一个穷人的葬礼，他被安葬在租用的墓穴中。5 年后，他的遗体被移走了，没有人知道拉马克的遗骨现在何处。

人类最早的试管婴儿

试管婴儿是"体外受精和胚胎移植"的简称。它通过手术将女性的成熟卵子取出，然后与自己的丈夫的精子或别人的精子于试管中受精，在培养4天后，再把这个受精卵移植到女子的子宫里安胎，发育为胎儿。

1944年，美国人洛克和门金首次进行这方面的尝试。1965年，英国生理学家爱德华兹和妇科医生斯蒂托提出了在玻璃试管内可能受孕的证据。1977年底，英国剑桥一间狭窄的实验室里，鲍勃·爱德华兹教授在他的显微镜下看到，培养液里漂动着的一些微小的细胞团——人类早期胚胎。其中有一个，将拥有极不平凡的命运。25年后，它变成了一个健康丰满、恬静温柔的普通姑娘，努力追求着普通的生活，尽管她的普通本身就极不普通。

从1960年开始，爱德华兹就开始研究人类卵子及体外受精技术，并于1969年在试管中培育出第一个胚胎。随后他与帕特里克·斯台普托合作，研

第一个试管婴儿出生

究从女性子宫中提取卵子的方法。许多想生孩子想得发狂的不孕女性大方地提供卵子给他们试验，其中一位就是莱斯莉·布朗，一个性情恬静的妇人，因为输卵管异常而不能受孕。她的丈夫约翰健康状况正常。

1977年冬季的某天，爱德华兹成功地从莱斯莉体内取出卵子，驱车前往剑桥他的实验室，揣着试管使它保暖。卵子与约翰·布朗的精子在培养液中混合、受精，

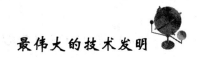

5 天之后生成了 5 个胚囊，它们被植入莱斯莉的子宫。尽管被告诫说受孕的可能性很小，莱斯莉却凭着感觉确信一定会成功："我感觉自己像在茧子里，很温暖，很舒服。"

1978 年 7 月 25 日夜 11 点 47 分，兰开夏郡奥尔德姆市总医院，在斯台普托主刀下，一个女婴通过剖腹产诞生了。当时约翰正在斯台普托夫人的陪伴下等候在妻子的病房里，护士来叫他去看刚出生的女儿时，他喜极而泣无法自制，在墙上砸了一拳之后才稍稍恢复冷静，亲吻了护士和斯台普托夫人后，冲出门外、跑下楼，向手术室狂奔。爱德华兹和斯台普托把孩子放到他怀里，他着魔似的盯着她，语无伦次地说："不敢相信！不敢相信！"莱斯莉还因为手术麻醉而沉睡着，没有参与这狂欢的场景。保卫严密的医院外面，从种种迹象中猜测出孩子已经降生的记者们正在为忙着打探内幕和排挤竞争对手而发疯。

这个名字叫路易斯·布朗的婴儿健康而正常，医生们长舒一口气，放下了心头悬着的一块大石。并不是所有的人都为路易斯的出生而欢呼，宗教界和政治界各种"扮演上帝"、"制造怪物"的指责早已铺天盖地，如果路易斯有一丝缺陷，爱德华兹和斯台普托就会被口水淹死。令他们欣慰的是，在"魔鬼的造物"、"弗兰肯斯坦之子"之类的聒噪中，她健康地成长着，成了试管婴儿技术的完美广告；到她 25 岁时，当年那些世界末日般的言语看起来夸张得可笑。两位科学家与布朗一家保持着亲密关系，是路易斯亲近的两位特殊的"叔叔"。斯台普托于 1988 年去世时，10 岁的路易斯像失去亲人一样悲伤哭泣。

最早的克隆羊

　　"克隆"是人类在生物科学领域取得的一项重大技术突破，反映了细胞核分化技术，细胞培养和控制技术的进步。它原是英文 clone 的音译，意为生物体通过细胞进行的无性繁殖形成的基因型完全相同的后代个体组成的种群，简称为"无性繁殖"。"克隆"一词于 1903 年被引入园艺学，以后逐渐应用于植物学、动物学和医学等方面。广泛意义上的"克隆"其实是我们的日常生活中经常遇到，只是没叫它"克隆"而已。

　　在距英国苏格兰首府爱丁堡市 10 公里远的郊区有个罗斯林村，这是一个风景优美的世外桃源。罗斯林研究所就建在这个村，它是英国最大的家畜家禽研究所，也是世界著名的生物学研究中心。1997 年 2 月 22 日，世界上第一头克隆羊"多莉"就是在这里诞生。在此之前，台湾已用胚胎细胞复制出了目前最长寿且能繁殖的克隆猪。

　　但其他克隆动物在世界上的影响却远远及不上"多莉"。其原因就在于，其他克隆动物的遗传基因来自胚胎，且都是用胚胎细胞进行的核移植，不能严格地说是"无性繁殖"。另一原因，胚胎细胞本身是通过有性繁殖的，其细胞核中的基因组一半来自父本，一半来自母本。而"多莉"的基因组，全都来自单亲，这才是真正的无性繁殖。从严格的意义上说，"多莉"是世界上第一个真正克隆出来的哺乳动物。"多莉"的诞生，意味着人类可

克隆之父

以利用动物的一个组织细胞，像翻录磁带或复印文件一样，大量生产出相同的生命体，这无疑是基因工程研究领域的一大突破。

"多莉"克隆羊

继多莉出现后，克隆，这个以前只在科学研究领域出现的术语变得广为人知。克隆猪、克隆猴、克隆牛……纷纷问世，似乎一夜之间，克隆时代已来到人们眼前。

随着"多莉"克隆羊的诞生和传媒对"克隆"技术的宣传，人们开始从多方面来分析和展望克隆技术可能会给人类带来的财富。例如英国 PPL 公司已培育出羊奶中含有治疗肺气肿的抗胰蛋白酶的母羊。这种羊奶的售价是 6000 美元 1 升，1 只母羊就好比一座制药厂。用什么办法能最有效、最方便地使这种羊扩大繁殖呢？最好的办法就是"克隆"。同样，荷兰 PHP 公司培育出能分泌人乳铁蛋白的牛，以色列 LAS 公司培育成能生产血清白蛋白的羊，这些高附加值的牲畜如何有效地繁殖呢？答案当然还是"克隆"。除此之外，克隆动物对于研究癌生物学、免疫学、人的寿命等都有不可低估的作用。

值得注意的是，克隆技术在带给人类巨大利益的同时，也会给人类带来灾难和问题。它将对生物多样性提出挑战，而生物多样性是自然进化的结果，也是进化的动力；有性繁殖是形成生物多样性的重要基础，"克隆动物"则会导致生物品系减少，个体生存能力下降：更让人不寒而栗的是，克隆技术一旦被滥用于克隆人类自身，将不可避免地失去控制，带来空前的生态混乱，并引发一系列严重的伦理道德冲突。

最早的转基因作物

20 世纪 80 年代初发展起来的植物基因工程技术能够对植物进行精确地改造，转基因作物在产量、抗性和品质方面有显著地改进，同时也可极大地降低农业生产成本，缓解不断恶化的农业生态环境。人们将这次技术上的巨大飞跃称为第二次"绿色革命"。

所谓转基因，即是指通过基因转化技术将外源基因导入受体细胞。将含有转基因的转化体经过一系列常规育种程序加以选择和培育，最后选育出具有人们所需要的目标性状和有生产利用价值的新型品种，这种方法就可以称为转基因育种。通过转基因后的生物，在产量、抗性、品质或营养等方面向人类所需要的目标转变，而不是创造新的物种。

世界上第一例转基因植物的成功应用是 1983 年美国的转基因烟草，当时曾有人惊叹："人类开始有了一双创造新生物的上帝之手。" 1996 年美国第一例转基因番茄开始在超市出售。

目前转基因作物中最常见的是转入抗除草剂基因，这样的转基因作物可以抵抗普通的、较温和的除草剂，因此农民用这类除草剂就可以除去野草，而不必采用那些毒性较强、较有针对性的除草剂。其次是转入抗虫害基因，用得最多的是从芽孢杆菌克隆出来的一种基因，有了这种基因的作物会制造一种毒性蛋白，对其他生物无毒，但能杀死某些特

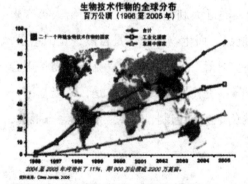

生物技术作物的全球分布
百万公顷（1996 至 2005 年）

世界转基因作物达 13 亿亩

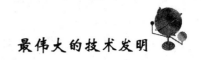

定的害虫，这样农民就可以减少喷洒杀虫剂。

在 1996 年至 2002 年间，全球转基因作物种植面积从 170 万公顷迅速扩大到 5870 万公顷，7 年间增长了 35 倍，从而使得转基因作物成为普及应用速度最快的先进农作物技术之一。在全球转基因作物面积迅速扩大的同时，种植转基因作物的国家也在不断增多。2002 年全球有 16 个国家的 550 万～600 万农民种植转基因作物。全球进行商业化种植的转基因作物包括大豆、玉米、棉花、油菜、土豆、烟草、番茄、南瓜和木瓜等。其中，前四种转基因作物占主导地位，其他转基因作物的种植面积微不足道。

自 1996 年第一例转基因食品投入市场后，人们在享受转基因这一高科技的丰硕果实的同时，也开始担心转基因生物的安全问题。在 20 世纪最后的一年多的时间里，诸如此类转基因作物的安全性的问题，在全球范围内引起了激烈的争论：反对者认为转基因作物具有极大的潜在危险，可能会对人类健康和人类生存环境造成威胁。在欧洲，转基因作物曾一度被一些媒体称之为"由科学家创造、最终又毁灭了这个科学家的怪物"。

其实，转基因技术与传统育种技术相比，它可以打破物种的界限，将动物、微生物基因转入植物中。但是，从总体上来说，转基因技术仍是传统的育种方法的延伸，它所面临的健康、环保问题，传统作物同样也有。因此，对转基因作物安全性的争论从表面上看是一个科学问题的争论，似乎是由于科学工作者对转基因作物及其安全性的认识不同所致。然而，实际上卷入这场争论的除科研机构外，还有政府、企业、消费者、新闻等机构和环境保护组织，争论的实质并不是纯科学问题，而是经济和贸易问题，换句话说，转基因作物的安全性已成了国际贸易的技术壁垒。

最早的计算器

　　算盘是中国人民在长期运用算筹计算的基础上发明的，延续至今一直是中国一种最普遍的计算工具之一，可算是世界上最早的计算器了。用算盘来计算的方法叫珠算。

　　早在汉代的《数术记遗》一书中，就曾记载了十四种上古算法，其中有一种便是"珠算"。据南北朝时数学家甄鸾的描述，这种"珠算"，每一位有五颗可以移动的珠子，上面一颗相当于五个单位，下面四颗，每一颗相当于一个单位。这是关于珠算的最早记载，与后来流行的算盘并不相同，而且在当时也没有普及流传。

　　大约到了宋元的时候，珠算盘开始流行起来。元代未年一本名叫《南村辍耕录》的书中记载了江南的一条俗谚，说新来的奴仆像"擂盘珠"，不拨自动；过了一段日子像"算盘珠"，拨一拨动一动；到最后像"顶珠"，拨它也拨不动了。俗谚里都已经有了"算盘珠"的比喻，说明珠算盘的运用在江南一带已有了一段时间和一定程度的普及了。不过当时算筹并没有废除，筹算和珠算同时并用。

算盘

　　珠算的普及并最终彻底淘汰筹算，这一过程是在明代完成的。明代的珠算盘与现代通行的珠算盘完全相同。例如在1578年柯尚迁的《数学通轨》一书中，就曾绘有一个"算盘图式"。这是一个十三档的珠算盘图，每一档上面两个珠，下面五个珠，中间用木制的横梁隔开，与现在的算盘完全一样。这样的算盘与日本后来流行的算盘略有不同，日本流行的算盘在横梁上面只放一颗算珠。横梁上有两颗算珠，一方面便于计算中有时需要暂不进位，另一方面则便于旧制斤两（1 斤 = 16 两）的加减，所以在实际计算时要比横梁上只放一颗算珠更加方便。

至于明代珠算的运算口诀，也与今天的珠算口诀大致相同。从 15 世纪开始，中国的珠算盘逐渐传入日本、朝鲜、越南、泰国等地，对这些国家数学的发展产生了重要的影响。以后又经欧洲的一些商业旅行家把它传播到了西方。现在，世界各国的学术界一致公认，珠算盘是中国发明的，中国是珠算的故乡。不仅如此，在世界已进入电子计算机时代的今天，珠算盘仍然是世界上普遍使用的计算工具。

除了中国，还有些地区也出现过算盘，但都没有流传下来。古代埃及人进行贸易时，他们在地上铺上一层沙子，用手在沙子上划出一些沟，再把小石子放在沟里，作加、减法就是增减沟里的石子。这是最原始的算盘。后来，欧洲的商人用刻有槽子的计算板代替沙子，用专门制作的算珠取代了石子，这种计算板类似于中国使用的算盘。但由于欧洲人的计算板是用钢制成的，笨重而且昂贵，再加上西方人没有运算口诀，使用起来不方便，因而逐渐被淘汰了。还有的地区的算盘是用每根木条穿着十颗木珠制成的，但由于人们把每颗珠子看作一，不像中国算盘下珠以一当一，上珠以一当五，因此计算起来速度大受限制，使用也不广泛。

最早的绘图工具

圆规

我们常说：没有规矩，不成方圆，"规"、"矩"分别是画圆与方的工具，它们是最早的几何绘图工具。具体说来，"规"就是画圆的圆规；"矩"就是折成直角的曲尺，尺上有刻度。早在甲骨文中就已经有了规和矩两个字。"规"字是手执规画圆的样子，"矩"字写作匚。汉代的许多画像砖石，绘有伏羲执矩、女娲执规的图像，从中可以看出古代规和矩的基本形制。西汉司马迁的《史记》记载夏禹治水时"左准绳，右规矩"，反映了规、矩、准、绳作为测量和绘图工具在兴修水利时所受到的重视程度。

在"规"、"矩"的有关记载中，最重要的命题就是勾股定理。勾股定理是我国早期数学史上最重大的发现之一。《周髀算

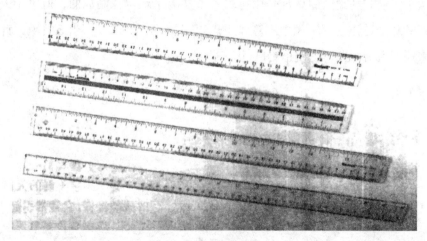

直尺

经》记载，西周初期周公与商高讨论天文学问题时提到"故折矩，以为勾广三，股修四，径隅五"，即勾股形三边之比 3：4：5，这是特殊形式的勾股定理。此外，该书还提到"环矩以为圆"的性质。《周髀算经》约成书于公元前一世纪，时代较晚。因此，有人怀疑该书所记周公与商高问答的可靠性。当然，有关勾股定理的发现时代问题。还需要更多的佐证。但联系到中国远古时代水利与建筑工程的复杂程度与所需的测量知识，我国很早就发现了一般形式的勾股定理，这是毋庸置疑的。

规可以作圆和弧，矩可以作直线和直角。据《周髀》记载，矩在测量方面的用法是"平矩以正绳，偃矩以望高，复矩以测深，卧矩以知远"，即利用矩的不同摆法根据勾股形对应边成比例的关系，可以确定水平和垂直方向，测量远处物体的高度、深度和距离。

最大的数学专著

《数学原本》是一本博大精深的著作，有7000多页，是有史以来最大的数学巨著。它涉及现代数学的各个领域，概括某些最新的研究成果，以其严谨而别具一格的方式，将数学按结构重新组织，形成了自己的新体系。内容包括集合论、代数、一般拓扑、实变函数轮、线性拓扑空间、黎曼几何、微分拓扑、调和分析、微分流形、李群等分支。1965年出到31卷，现在共有40卷。

1939年，巴黎的书店里推出一本新书《数学原本（第一卷）》作者署名为尼古拉·布尔巴基，名不见经传。由于第二次世界大战很快爆发，此书并不为人知晓。但是，此书继续出版，平均每年一卷，慢慢地有了名气，只是无人知道布尔巴基究竟何许人，后来竟成了数学界的一个"谜"。

布尔巴基充满创造力，几乎每一年里，都要向世界奉献出一卷新的《数学原本》。布尔巴基的成就，恢复了法国数学历史上的光荣。但在法国数学界，数学家们却无缘一睹这位数学新星的风采。1986年，一次题为《布尔巴基的事业》的演讲，终于揭开了布尔巴基的身世之谜。原来，布尔巴基果然不是一个人，而是一个富有创造活力的集体。

巴黎高等师范学校

第一次世界大战时，法国政府把大学生全部赶上了前线，结果给法国科学事业造成了灾难性的破坏。仅巴黎高等师范学校，就有2/3的学生成了这次大战的牺牲品，法国数学界出现了一代人的空缺。很明显，法国数学落伍了。1924 年，一批 18 岁的青年来到法国巴黎高等师范学校（法国最高学府）求学，他们立志要把迄今为止的全部数学，用最新的观点，重新加以整理。这几个初出茅庐的青年人，准备用 3 年的时间，写出一部《数学原本》，建立起自己的体系。结果他们写了 40 年，至今还没有完成，但是布尔巴基学派却在这一过程中形成了。

布尔巴基有一条不成文的规定，谁要是超过 50 岁，就必须自动退出前台，让位给青年人。所以，布尔巴基就在成员的不断流动中，长久地保持着青年人的朝气，保持着创造的活力。事实上，布尔巴基并没有什么成文的组织章程，青年人只要具备有广博而扎实的数学素养，善于独立思考，都可以成为布尔巴基的正式成员。当然，他也必须经得起布尔巴基大会的特殊考验。布尔巴基大会每年举行两三次。在每次大会上，都要讨论《数学原本》的写作计划。会议大致确定出一卷书分多少章，每章写哪些专题后，就委派某个志愿者在会后去撰写初稿。初稿完成后，必须在大会上一字不漏地大声宣读，接受毫不留情的批评，它常常引起一场针锋相对的争论。等到争论平息下来，经过几年辛苦写成的稿子往往已被批得体无完肤，于是，再委派新的志愿者去撰写第二稿。从开始写作到书印出来，一卷《数学原本》一般都要这样重复五六次，谁也说不清它的作者究竟是谁。

他们积极地学习，不断地取得新的成就。从 1950 年到 1966 年，共有 4 位法国学者荣获菲尔兹国际数学奖，其中就有 3 位是布尔巴基的成员。布尔巴基的早期成员魏伊、狄多涅、嘉当等人，都已经成长为世界闻名的数学大师。也正是由于几代法国数学家长期而卓有成效的合作，布尔巴基已成为 20 世纪最有影响的学派之一。

最古老的数学文献

数学的萌芽可以追溯到几万年以前，零星的有关数学的考古发现也至少有 5000 年的历史了。但是现存专门记录数学的比较系统的文献，当属公元前 1700 年左右的埃及的纸草文书为最古老。

所谓"纸草"，是一种生长在尼罗河流域的类似芦苇的一种植物。古埃及人将这种植物的茎撕开，压平晒干，编结在一起，就把它当作纸来用。他们用某种颜料做墨水，用木条或芦苇秆当笔，在"纸草"上记录事情。这种纸草后来成为古代地中海区一种通用的纸，希腊人、罗马人以及往后的阿拉伯人都曾用它书写。

《莫斯科纸草书》是出自埃及第十二王朝的一位佚名作者的手笔，成书年代大约是在公元前 1850 年左右，记有用埃及僧侣文写成的 25 个问题，但缺卷首，因而不知书名。卷长约 18 英尺，宽 3 英尺。1930 年，该草卷连同其编辑说明一起出版。其中除了一些简单的算术及面积计算外，还用比例方法解决了几个二次方程，并载有四棱台体积的计算公式，此公式直到 1000 多年以后才在其他国家出现，所以它被数学史家们誉为"最伟大的金字塔"。1893 年为俄国收藏家戈里尼索夫获得，因而叫戈里尼索夫草书。1912 年转为莫斯科博物馆所有。该书由苏联的图拉叶夫、斯特卢威等加以研究，并于 1930 年出版。

纸草书

1858 年，苏格兰古董商兰德在尼罗河边的小镇上买下了一批草片文书，全部是数学文献，人称《兰德纸草》，又因《兰德纸草》的著者是阿墨斯，所以又称《阿墨斯纸草》，现藏在英国博物馆。《兰德纸草》是长条形的，大约书写于公元前1650年，上面的数学原文带有实用手册的性质，长544厘米，宽33厘米；上面写着密密麻麻的象形会意文字，合计85个实用数学习题的解答方法。算术中有十进数学的符号，分数计算应用题等；代数中有一元一次方程，等比数列等；几何中有圆周率的近似值（3.1604），三角形的面积，球的体积等。兰德纸草书发表于1927年，大约有18英尺长，1英尺宽。

纸草书

在此纸草书到英国博物馆时，它没有原来那么长而且被分成了两片——实际上中间那片遗失了。在兰德买到纸草书的大约4年以后，美国埃及学家史密斯于1906年在埃及买到一份纸草书——他是把它当作医学纸草书买到手的，后来，史密斯把它交给了纽约历史学会；在那里，古物收藏家们发现：它是东拼西凑的、骗人的东西，并且在那些骗人的东西下面覆盖遗失了的那片阿默斯纸草书。该学会于是把该纸卷交给英国博物馆，使阿墨斯的著作得以完整。

兰德纸草书是研究古代埃及数学的主要来源，内容很丰富。它讲述了：埃及的乘法和除法，埃及人的单位分数的用法、试位法、求圆面积的问题的解和数学在许多实际问题中的应用。

公元前1350年左右的罗林纸草书，现在保存在卢佛尔博物馆，载有一些精心制作的伙食账，上面的数字表明当时实际上曾使用过很大的数目。

公元前1167年的哈里斯纸草书，是拉美西斯四世为他登基准备的一个文件，其中表彰了他父亲拉美西斯三世的伟大功绩。这份纸草书的其他部分是寺庙财产一览表，为我们提供了古埃及实际账目的最好例证。

最早研究不定式方程的数学专著

　　《九章算术》是中国一部很古老的数学书，它系统总结了战国、秦汉时期的数学成就，它的写成，经过了很多人长时间修改删补，到东汉时期才逐渐形成定本，其中的第十三题"五家共井"问题是当时世界上最早的研究不定式方程的问题。

　　《九章算术》的叙述方式以归纳为主，先给出若干例题，再列出解决这类问题的一般方法。这和古希腊数学的代表著作欧几里得（约公元前330～前275年）的《几何原本》以演绎为主的叙述方式有明显的不同。它对我国后世数学的发展一直有很大的影响，曾经被历代规定作为进行数学教育的教科书，是所谓"算经十书"之一。

　　《九章算术》全书收有246个数学问题，分为九大类，就是"九章"。第一章"方田"，主要讲各种田亩面积的算法；第二章"粟米"，主要讲各种谷物按比例交换的算法；第三章"衰分"，主要讲按等级或比例进行分配的算法；第四章"少广"，主要讲已知面积和体积反求它一边的算法；第五章"商功"，主要讲有关土石方和用工量的各种工程的算法：第六章"均输"，主要讲按人口多少和路途远近等条件来摊派税收和分派劳力（徭役）的算法；第七章"盈不足"，主要讲两次假设来解决某些难解问题的算法；第八章"方程"，主要讲联立一次方程组的解法和正负数的加减法法则；第九章"勾股"，主要讲勾股定理的应用、直角相似三角形和一元二次方程的解法。

　　"五家共井"问题的内容是：五户人家合用一口井，若用甲家的绳2条，乙家的绳1条接长；从井口放下去，正好抵达水面；另外或用乙家的绳3条，丙家的1条；或用丙家的4条，丁家的1条；或用了家的5条，戊家的1条：

或用戊家的 6 条，甲家的 1 条接长，也都一样正好抵达水面，问井的深度及各家的绳长各为多少？

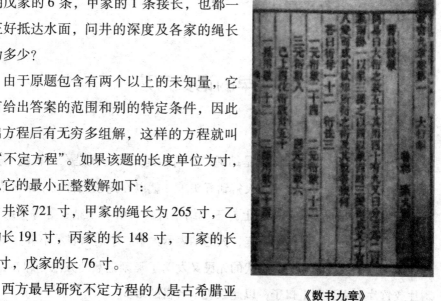

《数书九章》

由于原题包含有两个以上的未知量，它没有给出答案的范围和别的特定条件，因此排出方程后有无穷多组解，这样的方程就叫作"不定方程"。如果该题的长度单位为寸，那么它的最小正整数解如下：

井深 721 寸，甲家的绳长为 265 寸，乙家的长 191 寸，丙家的长 148 寸，丁家的长 129 寸，戊家的长 76 寸。

西方最早研究不定方程的人是古希腊亚历山大里亚城的丢番都，时间约在公元 4 世纪。他比《九章算术》的年代要迟 300 多年。到了 13 世纪，中国宋朝的数学家秦九韶在他所著的《数书九章》（1247 年）中提出了"大衍求一术"，实际上这就是解一次不定方程的通法，而欧洲到了 18 世纪，才由瑞士数学家欧拉创立了一次不定方程的一般解法。

秦九韶的"大衍求一术"，不但远比欧洲发明得早，有其历史上的崇高地位，而且在方法上也比欧洲人的办法来得简洁、具体，易于作数值计算。直到现在，与现代数论里头的"一次同余式"的方法相比较，仍有其优越性。所以这个算法一贯被欧美学者所推崇，称为"中国的剩余定理"。

最早的记数方法

中国古代最早的记数方法是结绳。所谓结绳记数，就是在一根绳子上打结来表示事物的多少。比如今天猎到五头羊，就以在绳子上打五个结来表示；约定三天后再见面，就在绳子上打三个结，过一天解一个结；等等，结可以打得大一些，也可以打得小一点，大的结表示大事，小的结表示小事。

比结绳记数稍晚一些，古代的先民又发明了契刻记数的方法，即在骨片、木片或竹片上用刀刻上口子，以此来表示数目的多少。

在中国历史上，到新石器时代的晚期，才逐渐地被数字符号和文字记数所代替。最晚到商朝时，我国古代已经有了比较完备的文字系统，同时也有了比较完备的文字记数系统。在商代的甲骨文中，已经有了一、二、三、四、五、六、七、八、九、十、百、千、万这 13 个记数单字，而有了这 13 个记数单字，就可以记录十万以内的任何自然数了。当然，商代甲骨文的形体与现代的汉字不同。

算筹的发明就是在以上这些记数方法的历史发展中逐渐产生的。它最早出现在何时，现在已经不可查考了，但至迟到春秋战国；算筹的使用已经非常普遍了。算筹是一根根同样长短和粗细的小棍子，那么怎样用这些小棍子来表示各种各样的数目呢？

古代的数学家们创造了纵式和横式两种摆法，这两种摆法都可以表示1、2、3、4、5、6、7、8、9九个数码。下图便是算筹记数的两种摆法：

那么为什么又要有纵式和横式两种不同的摆法呢？这就是因为十进位制的需要了。所谓十进位制，又称十进位值制，包含有两方面的含义。其一是"十进制"，即每满十数进一个单位，十个一进为十，十个十进为百，十个百

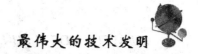

纵式：　｜　｜｜　｜｜｜　｜｜｜｜　｜｜｜｜｜　Ｔ　Ｔｌ　Ｔｌｌ　Ｔｌｌｌ

横式：　━　＝　≡　≣　≣　⊥　⊥　⊥　⊥

　　　　1　2　3　4　5　6　7　8　9

算筹的两种摆法

进为千……其二是"位值制，即每个数码所表示的数值，不仅取决于这个数码本身，而且取决于它在记数中所处的位置。如同样是一个数码"2"，放在个位上表示 2，放在十位上就表示 20，放在百位上就表示 200，放在千位上就表示 2000。在我国商代的文字记数系统中，就已经有了十进位值制的萌芽，到了算筹记数和运算时，就更是标准的十进位值制了。

　　按照中国古代的筹算规则，算筹记数的表示方法为：个位用纵式，十位用横式，百位再用纵式，千位再用横式，万位再用纵式……这样从右到左，纵横相间，以此类推，就可以用算筹表示出任意大的自然数了。由于它位与位之间的纵横变换，且每一位都有固定的摆法，所以既不会混淆，也不会错位。毫无疑问，这样一种算筹记数法和现代通行的十进位制记数法是完全一致的。

　　中国古代十进位制的算筹记数法在世界数学史上是一个伟大的创造。中国古代数学之所以在计算方面取得许多卓越的成就，在一定程度上应该归功于这一符合十进位制的算筹记数法。马克思在他的《数学手稿》一书中称十进位记数法为"最妙的发明之一"，确实是一点也不过分的。

模糊数学的最早创立者

　　一粒种子肯定不叫一堆，两粒也不是，三粒也不是……另一方面，所有的人都同意，一亿粒种子肯定叫一堆。那么，适当的界限在哪里？我们能不能说，123585 粒种子不叫一堆，而 123586 粒就构成一堆同样的，高与短、美与丑、清洁与污染、有矿与无矿、甚至像人与猿、脊椎动物与无脊椎动物、生物与非生物等等这样一些对立的概念之间，都没有绝对分明的界限。

　　这就是模糊现象，指客观事物之间难以用分明的界限加以区分的状态，它产生于人们对客观事物的识别和分类之时，并反映在概念之中。外延分明的概念，称为分明概念，它反映分明现象。外延不分明的概念，称为模糊概念，它反映模糊现象。

　　对模糊性的讨论，可以追溯到很早。20 世纪的大哲学家罗素在 1923 年一篇题为《含糊性》的论文里专门论述过我们今天称之为"模糊性"的问题，并且明确指出："认为模糊知识必定是靠不住的，这种看法是大错特错的。"尽管罗素声名显赫，但这篇发表在南半球哲学杂志的文章并未引起当时学术界对模糊性或含糊性的很大兴趣。这并非是问题不重要，也不是因为文章写得不深刻，而是"时候未到"。长期以来，人们一直把模糊看成贬义词，只对精密与严格充满敬意。20 世纪初期社会的发展，特别是科学技术的发展，还未对模糊性的研究有所要求。事实上，模糊性理论是电子计算机时代的产物。正是这种十分精密的机器的发明与广泛应用，使人们更深刻地理解了精密性的局限，促进了人们对其对立面或者说它的"另一半"——模糊性的研究。

　　精确的概念可以用通常的集合来描述。模糊概念应该用相应的模糊集合来描述。美国控制论专家扎德抓住这一点，首先在模糊集的定量描述上取得

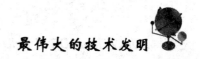

突破，奠定了模糊性理论及其应用的基础。1965 年扎德发表了名为《模糊集合》的论文，首先提出了模糊集合的概念，他指出："在人类知识领域里，非模糊概念起主要作用的惟一部门只是古典数学"，"如果深入研究人类的认识过程，我们将发现人类能运用模糊概念是一个巨大的财富而不是包袱。这一点，是理解人类智能和机器智能之间深奥区别的关键。"

集合是现代数学的基础，模糊集合一提出，"模糊"观念也渗透到许多数学分支。模糊数学的发展速度也是相当快的。从发表的论文看，几乎是指数般的增长。它涉及纯粹数学、应用数学、自然科学、人文科学和管理科学等方面。在图像识别、人工智能、自动控制、信息处理、经济学、心理学、社会学、生态学、语言学、管理科学、医疗诊断、哲学研究等领域中，都得到广泛应用。把模糊数学理论应用于决策研究，形成了模糊决策技术。只要经过仔细深入研究就会发现，在多数情况下，决策目标与约束条件均带有一定的模糊性，对复杂大系统的决策过程尤其是如此。在这种情况下，运用模糊决策技术，会显得更加自然，也将会获得更加良好的效果。

最早测算地球周长的人

大家都知道地球是略为扁平的球体，它的赤道半径稍长些。现代科学技术已测得地球的平均半径约为 6370 公里。如果设想用通过地球中心的平面去切割地球的话，地球大圆的周长就约为 40000 公里。其实，地球大圆的周长为 40000 公里的数值，早在 2300 多年前，就有人已测算出来了。他就是古希腊伟大的数学家、地理学家埃拉托色尼。

埃拉托色尼（约公元前 274—前 194 年），博学多才，不仅通晓天文，而且熟知地理。同时又是诗人、历史学家、语言学家、哲学家，曾担任过亚历山大博物馆的馆长。

埃拉托色尼是首先使用"地理学"名称的人，从此代替传统的"地方志"，并写成了三卷专著。书中描述了地球的形状、大小和海陆分布。埃拉托色尼还用经纬网绘制地图，最早把物理学的原理与数学方法相结合，创立了

月球上的埃拉托色尼环形山

数理地理学。他还算出太阳与地球间距离为 1.47 亿公里，和实际距离 1.49 亿公里也惊人地相近。

埃拉托色尼也是世界上第一个测量地球大小的人。在当时他又是怎样测定地球大小的呢？位于尼罗河畔的歇尼，在亚历山大城正南 800 公里处，并且恰好处在北回归线上。因此，每年夏至正午时分，太阳便正好位于歇尼的天顶，阳光直射歇尼地区预测尼罗河水变化的水井的井底。此刻，在亚历山大，埃拉托色尼利用一座高高的尖塔测得阳光的倾斜角为 7.2°，这样便可以进行如下的计算：设地球大圆的周长为 x，便有 x =（800 × 360）÷ 7.2 = 40000 公里。由此可知地球大圆的周长为 40000 公里。

埃拉托色尼的计算是超时代的，因为一直到 16 世纪，当麦哲伦完成了著名的环球航行之后，人们才确信我们生息着的大地是一个球体。

埃拉托色尼作为一位数学家，其最伟大的功绩是创立了"筛法"理论。筛法是一种筛选素数的方法，它能从自然数中筛去合数而只留下素数。"筛法"的创立，迄今已有 2300 余年了，但即使是在具有超凡计算能力的电子计算机时代，寻求素数的计算机程序仍然遵循着埃拉托色尼的筛法理论。

最早发现"黄金分割"的人

　　早在公元 6 世纪古希腊的毕达哥拉斯学派就研究过正五边形和正十边形的作图，因此可推断他们已经知道与此有关的黄金分割问题。公元前 4 世纪，古希腊数学家欧多克索斯第一个系统研究了这一问题，并建立起比例理论。

　　真正意义上算是最早发现"黄金分割"的人应数欧几里得，他的名字在 20 世纪以前一直是几何学的同义词，这归功于公元前 300 年前后他撰写的一部划时代的著作——《几何原本》，用公理方法建立起演绎体系的最早典范。过去所积累下来的数学知识，是零碎的、片断的，只有借助于逻辑方法，把这些知识组织起来，加以分类，比较，揭露彼此间的内在联系，整理在一个严密的系统之中，才能建成巍峨的大厦。《原本》完成了这一艰巨的任务，对整个数学的发展产生了深远的影响。在书中，欧几里得接收了欧多克索斯的工作，系统论述了黄金分割，成为最早的有关论著。

　　欧几里得应该是公元前 300—前 295 年前后活跃于古希腊的文化中心亚历山大，除《原本》之外，还有不少著作，可惜大都失传。几何著作保存下来的有《已知数》、《图形的分割》。此外还有光学、天文学和力学等，可惜多已散失。

欧几里得

黄金分割最早见于古希腊和古埃及。黄金分割又称黄金率、中外比，即把一根线段分为长短不等的a、b两段，使其中长线段的比（即 a + b）等于短线段 b 对长线段 a 的比，列式即为 a：（a + b）= b：a，其比值为 0.6180339……这种比例在造型上比较悦目，因此，0.618 又被称为黄金分割率。

黄金分割长方形的本身是由一个正方形和一个黄金分割的长方形组成，你可以将这两个基本形状进行无限的分割。由于它自身的比例能对人的视觉产生适度的刺激，他的长短比例正好符合人的视觉习惯，因此，使人感到悦目。黄金分割被广泛地应用于建筑、设计、绘画等各方面。

在摄影技术的发展过程中，曾不同程度地借鉴并融汇了其他艺术门类的精华，黄金分割也因此成为摄影构图中最神圣的观念。应用在摄影上最简单的方法就是按照黄金分割率 0.618 排列出数列 2、3、5、8、13、21……并由此可得出 2：3、3：5、5：8、8：13、13：21 等无数组数的比，这些数的比值均为 0.618 的近似值，这些比值主要适用于：画面长宽比的确定、地平线位置的选择、光影色调的分配、画面空间的分割以及画面视觉中心的确立。摄影构图通常运用的三分法（又称井字形分割法）就是黄金分割的演变，把长方形画面的长、宽各分成三等份，整个画面承井字形分割，井字形分割的交叉点便是画面主体（视觉中心）的最佳位置，是最容易诱导人们视觉兴趣的视觉美点。

摄影构图的许多基本规律是在黄金分割基础上演变而来的。但值得提醒的是，每幅照片无需也不可能完全按照黄金分割去构图，千篇一律会使人感到单调和乏味。关于黄金分割，重要的是掌握它的规律后加以灵活运用。

二、技术发明趣事

神奇的干细胞

一般来说，人体大概含有十的七次方的细胞。从细胞的功能来分，大概有200多种细胞。这些细胞从哪儿来？很奇妙，人体所有的细胞来自于一个细胞，就是受精卵。细胞受精以后就分裂了，两天以后就成为"三生胚"，这种细胞有变成别的细胞的潜力，这种细胞叫全能干细胞。全能干细胞会形成一个人体，这种细胞分成三层，叫外胚层、中胚层、内胚层，会形成不一样的细胞。当细胞发育到八天的时候，细胞的发育能力又进一步受到限制，只能发育成某一种类型的细胞，这时叫单功能的干细胞。多能干细胞的分化潜能、发育潜能更广一些，会形成三个胚细胞，单功能的干细胞只能形成一种细胞，就是造血细胞，造血细胞有红细胞、白细胞、血小板。干细胞有什么用处？首先，有了人的干细胞以后，可以开发新的药物。这种干细胞培养起来，加上一定的条件处理，就可以形成骨髓细胞，进行骨髓移植，可以治疗痴呆，可以进行心脏治疗，可以治疗心肌梗塞等。另外，干细胞在治疗肿瘤方面也有很大作用。

成体干细胞分离的应用前途也很广阔。比如一个人生了某种疾病，可以从他自己的身体里拿出一个干细胞，用一定的条件让它向某个方向发展，比如影响神经细胞，患者是痴呆或者中风，可以用他本身的细胞治疗他的中风，这样既没有伦理问题，也没有免疫排斥问题。

现在可以要什么基因有什么基因，但基因能否很好的整合或者插入到自己的基因组里去、能不能表达、产生的蛋白质够不够、产生蛋白质以后身体的反应会怎么样？都是基因的难题。干细胞治疗不存在这些问题。干细胞在目前的应用前景大大的光明于基因治疗，如果基因治疗跟干细胞结合起来，那就更是如虎添翼了。

寻找年轻之宝——肉毒杆菌

什么？肉毒杆菌！什么东西听起来这么吓人？嘿，可别先被这名字给吓着了，它可是目前正风靡美国的大名鼎鼎的青春之宝呢！

自去年开始，美国上流社会、好莱坞……总之，一切有爱美之心的人们中间就一直流传着这样一个热门话题：用肉毒杆菌毒素去除皱纹，使自己看起来更年轻。据说，有立竿见影的神奇疗效。

肉毒杆菌是一种致命病菌，在繁殖过程中分泌毒素，是毒性最强的蛋白质之一。军队常常将这种毒素用于生化武器。人们食入和吸收这种毒素后，神经系统将遭到破坏，出现头晕、呼吸困难和肌肉乏力等症状。可这种让人望而生畏的东西怎么会用于美容呢？

原来，科学家和美容学家正是看中了肉毒杆菌毒素能使肌肉暂时麻痹这一功效。医学界原先将该毒素用于治疗面部痉挛和其他肌肉运动紊乱症，用它来麻痹肌肉神经，以此达到停止肌肉痉挛的目的。可在治疗过程中，医生们发现它在消除皱纹方面有着异乎寻常的功能，其效果远远超过其他任何一种化妆品或整容术。因此，利用肉毒杆菌毒素消除皱纹的整容手术应运而生，并因疗效显著而在很短的时间内就风靡整个美国。

手术十分简单：将少量稀释过的肉毒杆菌毒素注入人体，毒素将在 24 至 48 小时内发挥作用，使面部肌肉暂时麻痹和停止收缩，从而达到拉紧面部皮肤，消除面部皱纹的目的。但要想一直保持面部光滑无皱纹，只打一针是不够的，因为毒素将慢慢失去效用。人们需要每 4 个月左右到医院去打上一支"毒针"才能常葆青春。

目前这种"毒素去皱"剂已经上市，由爱尔兰一家制药公司制造，取名为"Botox"和"Myobloc"。价格也很便宜：每剂300至500美元。

"Botox"以其简单廉宜而在全美受到热烈欢迎。据美国整容协会公布的数字，仅去年一年美国就售出160万剂"Botox"，销售额高达3.09亿美元，其受欢迎程度甚至超过了隆胸手术。据悉，好莱坞的许多明星已经广泛使用"Botox"去皱，其他爱美之人也开始尝试这种新型的去皱方式。

"这真是注射行业的一项奇迹，"美国整容协会会长马尔科姆·保罗称。亚特兰大的皮肤科医生哈罗德·布罗迪也说："这是对抗衰老行业的一个完美补充。"但他同时提醒人们，必须有专业的医生来进行手术，自己注射"Botox"针是十分危险的。

与美容界的一片喝彩声正相反，美国食品和药品管理局一直对这种"用毒药来美容"的做法表示震惊和强烈反感。它指出，将"Botox"这种有毒物质注射人体是十分危险的。可随着人们对"Botox"去皱手术的日益热衷，美国食品和药品管理局也在考虑改变初衷，允许"Botox"用于美容。据预测，如果"Botox"获准进入美容界，其火爆程度将不亚于伟哥。

导致精神分裂症的变异基因

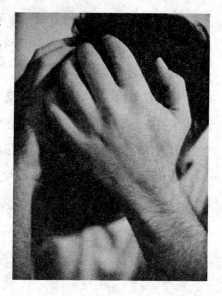

法国国家健康与医学研究所经过对众多精神分裂症患者第22号染色体的观察分析，终于发现了导致罹患精神分裂症的变异基因。法国专家称，他们的这项研究成果将有助于精神分裂症的预防和治疗。

法国专家介绍说，全世界大约1%的人口患有不同程度的精神性疾病。虽然过去对导致这种复杂的家族遗传性疾病的原因不甚了解，但对精神分裂症患者的观察显示，这些人大多在脑成熟后期出现了神经发育异常。有鉴于此，他们对众多患者的染色体进行了研究分析，结果发现，这些患者第22号染色体上的一个特殊基因均出现了变异。研究人员认为，正是这个基因变异导致人体脯氨酸代谢增多，而以前的动物试验表明，脯氨酸增多对神经元发育有不良影响。

法国专家表示，目前他们正在对精神分裂症患者血液中的脯氨酸浓度值进行研究，以确定脯氨酸导致精神分裂症的准确浓度值，其目的是对与患者有直接血亲关系的人，以及已表现出某些症状的儿童进行早期检查，通过化验其血液中脯氨酸浓度进行诊断，以尽早采取预防和治疗措施。专家们还特别指出，脯氨酸含量高是可以得到治疗的。

老而不衰，基因定夺

在"2002年中国十大科技进展新闻"中，"北大医学部科学家初步揭开人类细胞衰老之谜"得以入选。有关专家认为：衰老是老年病百病之源，减缓衰老不仅可预防多种老年病，而且可节约大量的卫生资源和社会财富。但要推迟生物学意义的衰老，实现老而不衰，只有研究清楚了衰老的机理后，才能找到有效的抗衰老手段。

长寿与基因有关

中国中医研究院西苑医院陈可冀院士介绍说，多数老年生物学家认为每个个体的自然寿限是由遗传决定的，如将各类意外早死事件排除，人的生存年限与个体遗传学衰老变化密切相关。

美国波士顿儿童医院等部门的研究人员在2001年8月美国科学院学报（P. AS）上，报告了对137对90岁以上的同胞兄妹的基因组学特点的研究结果，发现在第4号染色体D4S1565位点上，有一条狭长的区域有可能存在有这种功能，其中可能包括几个长寿基因，且这些老人普遍没有APOE-4基因。但也有学者认为动物和人体不存在可直接控制衰老的所谓"长寿基因"，基因对寿命的影响是间接的。

北京大学医学部衰老分子机理研究室童坦君教授指出，近年来，研究人员从多个物种上找到了与衰老相关的基因。"衰老基因"的丢失或失活可使某些生物的寿命得以延长，但同时也带来了细胞永生化问题；"长寿基因"的突变可使物种寿命缩短。对线虫的深入研究表明，基因的确可影响生物的衰老及寿限。在人类衰老相关基因研究方面，美国科学家通过研究 308 名长寿老人血样品后发现，长寿老人的第四号染色体存在一段与常人不同的区域，该区约有 100 ~ 500 个基因，其中可能含有长寿基因。

从模式生物和人类早老综合征的研究结果得知，所谓的"衰老基因"、"长寿基因"或衰老相关基因大多是行使日常功能的基因。细胞衰老相关基因也不例外，有学者认为，抑癌基因与癌基因在诱导衰老方面起重要作用，但都有哪些途径诱导了细胞衰老，这些途径中哪条更重要等一系列问题目前尚不清楚。

P16 基因主导细胞衰老

名为"细胞衰老与基因功能状态相互关系的研究"在童坦君教授的主持下已经完成，这一研究在国内率先将分子生物学理念和技术引入衰老生物学研究，并首次揭示出了在细胞衰老过程中基因的不稳定性加剧和基因功能出现变化的现象与规律，特别是发现了细胞衰老主导基因 P16 影响衰老进程的机制及其调控方式。

P16 基因是一种细胞周期负调控因子，它通过抑制细胞周期蛋白质依赖激酶 CDK4 和 CDK6，使细胞周期阻滞于 G1 期，P16 基因在细胞衰老、肿瘤发生等中都具有十分重要的作用，它在人类细胞衰老过程中持续高表达，甚至高出年轻细胞的 10 ~ 20 倍。近年来国际上越来越多的学者认为 P16 基因是人类可分裂细胞中控制衰老进程的主导基因。但 P16 基因在衰老过程中为何高表达，高表达后又如何引起衰老的机理一直有待阐明。

童坦君教授领导的课题组以国际公认的细胞衰老模型——人二倍体成纤维细胞为主要对象，辅以动物整体实验，开展了"衰老生长时停滞现象的机理"、"基因结构与功能变化"和"细胞衰老主导基因 P16 的作用机理及其负调控研究"等多项实验研究。在有关 P16 基因的作用机理研究方面，

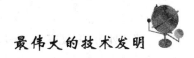
研究人员将 P16 基因的重组载体导入人体纤维细胞，结果细胞衰老加快；但将其反义重组载体导入细胞后，抑制了 P16 的表达，结果细胞增殖能力增强，衰老速度减慢，D. A 损伤修复能力增强，与衰老有关的端粒缩短减慢，结果是细胞寿命延长了 20 代。

生命的意义

　　虽然有关衰老相关基因的研究不断取得进展，但目前这些成果还几乎没有真正可以实用的。陈可冀院士认为，延缓衰老或抗衰老的科学内涵应该着眼在提高人们的生命质量和生活质量，提高人们的活力。由于衰老与老年疾病密切相关，因此现阶段抗衰老在老年临床方面应贯彻预防胜于治疗的思想，有计划地动态监测老年人的健康信息，早期诊断，早期治疗，防患于未然，减少合并症与并发病。老年病的防治重点应放在老年心脑血管病事件、感染性疾病、肿瘤、糖尿病、骨关节疾病、视力和听力障碍等方面疾病，也包括前列腺病、抑郁症、痴呆、失眠及肥胖等常见病方面。一切针对衰老表现干预措施都应立足于改善老年人的健康和生命质量上，预防和减少与年龄增长相关的疾病及残疾，通过社会的关爱增进老年人在社会进步中的作用，减少被社会孤立的现象。合理的膳食营养，戒烟少酒，注意工作和家庭中的安全性、适当的体力活动、精神卫生及合理应用中西药等是改善老年人卫生行为，延年益寿的良方。

　　人类基因组学和蛋白质组学的进步无疑将极大地推进包括衰老机理研究和老年病防治在内的生命科学研究。生物信息学、生物芯片等多项技术为衰老基础研究提供了高水平的技术平台，我国有着极为丰富的遗传资源，通过应用大规模的基因测序技术等将使人类在探索衰老相关基因方面取得长足的进步。

干细胞和克隆成果不断

任何克隆都是从胚胎干细胞或外周干细胞（成年干细胞）演变而来，所以干细胞与克隆研究在今年可谓成果不断。

克隆动物

2002 年不断出现 7 月，台湾一对双胞胎克隆羊成功。这对克隆羊不仅是台湾岛内草食性动物克隆成功的首例，也是世界上以阿尔拜因成羊耳朵细胞为供核源克隆成功的首例。阿尔拜因乳羊原产地在法国阿尔卑斯山下的阿尔拜因村，产乳期长约 300 天，每日产乳高达 3.5 千克。

9 月，又有 3 头带有人类基因的克隆牛在阿根廷诞生，它们的细胞中含有人类生长激素基因，从其乳液中可以提取大量药用蛋白质，用以治疗儿童侏儒症。

10 月中，我国第一头利用玻璃化冷冻技术培育出的体细胞克隆牛在山东诞生。在此之前，我国一直沿用的是鲜胚移植技术。10 月底又有一对双胞胎体细胞克隆奶牛顺利降生。接着，从 9 月至 10 月相继诞生 4 只带有医用蛋白的转基因体细胞克隆奶山羊，目前 3 只成活。它们的 DNA 中含有 β - 干扰素基因和转抗凝血酶素 I II 基因，将来可以在乳液中分泌 β - 干扰素基因和转抗凝血酶素 I II。

不过，用体细胞克隆动物已不是新技术，值得提及的是今年的一种克隆新技术。8 月，丹麦和澳大利亚研究人员发明了在显微镜下用极薄的刀片将卵子切成两半的技术。这个操作要切得恰到好处，使一半带有完整的细胞核，另一半只有细胞质。然后将两份只有细胞质的一半细胞融合在一起，构成一个相当于完整去核卵细胞的结构，再与需要克隆的动物的体细胞核结合，用电流刺激使其分裂发育，产生胚胎。

用这种方法产生的牛胚胎，有一半成功发育到胚泡的阶段，可以用来移植，成功率并不比现行的克隆技术低。研究者将 7 个胚泡移植到母牛的子宫里，6 个成孕，其中 3 个胚胎 150 天后仍在发育。而最近有报告说，一般移植后的牛胚胎通常只有 25% 在受孕 30 天以后仍然发育。现在已经有一头用这种方法克隆的小牛在澳大利亚诞生。研究人员认为，用此法克隆出的小牛可能会比用以往技术克隆的更加健康，不过这一点还需要证实。

治疗性克隆如火如荼

2002 年 6 月，美国的两个研究小组报告了他们的成果。他们从实验鼠胚胎中取出胚胎干细胞，进行基因改造，使它们发育成所需要的神经细胞，再将这些细胞植入患帕金森氏症的实验鼠脑部，实验鼠的帕金森氏症症状明显减轻，并存活了 2~3 个月。当然，这并不意味着马上可以进行人体试验。因为还有相当大的难题，比如，如何防止干细胞在人体内不断增殖而发展成肿瘤。

明尼苏达大学医学院的研究人员称，他们从实验鼠和人的骨髓内提取出一种特殊的干细胞，命名为"多能成体祖细胞"。这类细胞植入实验鼠胚胎后，参与了几乎所有机体组织的发育，分化成了各种类型的细胞。不过，这种干细胞分化成肝脏细胞相对容易，但要分化成心脏细胞则较困难。

同是 6 月，澳大利亚的研究人员说，他们培育出了功能完备的胸腺。胸腺是心脏附近的器官，它在人体进入青春期后处于休眠状态。被视为世界上首次从干细胞培育出完整器官。重新启动处于休眠状态的胸腺能够重新修建已被损坏的免疫系统，对人体的健康和防病极为重要。

国内的研究人员也不甘落后，我国科学家在一只身长不足 5cm，体重不过 20 克的裸鼠背上培育出了 1cm 长管状的兔子尿道。研究人员从兔的膀胱组织分离出种子细胞（干细胞），然后在体外培养和规模化扩增，分别接种到预制成尿道形状的一种可降解的胶原膜生物支架材料上培养成。不久的将来，这一成果有望用于人体再造"尿道"。

另外，美国研究人员还证明，把经过处理的克隆牛干细胞移植入牛身上的适合部位，能逐渐发育生长成具有肾脏功能的器官和能"工作"的心脏组织。紧接着，美国研究人员报告一例帕金森氏病（PD）患者接受神经干细胞和分化的多巴胺神经元自体移植治疗后临床症状得到改善。对这位 57 岁的患者采用立体定向方法开颅（小孔）获取干细胞，进行体外培养，并诱导其分化为能分泌多巴胺的神经元，然后通过立体定向手术将这些神经元移植回患者脑内特定的靶点。术后 6 个月，患者神经干细胞的数量扩增了几百万。

揭示生物膜的奥秘

生物是由生物细胞构成的，细胞一个个排列组合之所以被区分是因细胞间有一层隔膜。这层隔膜所隐含的秘密难以计数，正吸引着无数生物科学家的目光，成为当代生命科学领域的一个前沿研究热点。为此，中国科学研究最高层次的科研机构，北大、清华和中科院联合起来组建了生物膜和膜生物工程国家重点实验室，研究生物膜的结构、功能及其相互关系，即生物膜的作用与工作原理，而应用这些成果为人类谋福利的工作称为膜生物工程。

生物膜在生命发展过程中发挥着重要作用。如植物叶绿素的光合作用，太阳光的光电子由细胞膜承载、传递，实现细胞中的能量转换，从而调制植物的生长发育。据有关科学家介绍，生物膜是由蛋白质、脂类组成的超分子体系，极其复杂。科学家一方面从结构上研究生物膜的膜脂、膜蛋白的单一分子结构、性质等，另一方面从功能角度研究生物膜的能量转换、物质与离子运转、信号识别和转导的作用机制等内容。

正是由于对生物膜的研究，上世纪 80 年代后期，科学家发现与母体组织相连的胎儿滋养层细胞上，有一种名为 HLA－G 的分子，使胎儿免受人体自然杀伤细胞的攻击得以生存。这种分子不但有严格的组织分布，且在表达上有严格控制。除在滋养层等几种少数类型细胞外，HLA－G 在一般组织上很少出现。一些研究还发现，HLA－G 在某些肿瘤细胞上，结肠癌、绒毛膜癌、黑色素瘤、神经胶质瘤等上出现较多。因此，科学家推测，它可能是某些肿瘤逃避免疫监视的一个重要机制。

于是，科学家用转基因白鼠做实验，HLA－G 分子的表达可抑制一些细胞的增殖，影响大脑树突状细胞的分化成熟，使皮肤同种移植物、心脏移植及角膜移植等成活时间延长，表明 HLA – G 分子携带一种物质可躲避天然杀伤细胞的侵袭。目前，关于 HLA – G 无论国际国内，都在开展大量研究。可想而知，这种研究一旦突破就能为计划生育、治疗肿瘤找到新途径。

由于生物膜的一些特性和工作规律被科学家研究发现，膜生物工程随之应运而生。目前，该实验室利用通过膜生物工程生产的治疗糖尿病的新型"口服脂质体胰岛素"疗效超过传统方法制造的国内外胰岛素产品，经国家批准进入了临床实验阶段，2~3 年内即可投放市场，为患者排忧解难。

总之，生物膜上的秘密多多，有待人们去发现和了解。其中任何一项进展，都只有科学家才能完成，若研究工作能产生重大影响，该研究者则成为一位大科学家，将名载史册。

新世纪"虚拟人"应邀闯世界

"虚拟人体"数字化微澜

近 10 年来，以美国为主导的几个具有国际影响的人体模型、人体信息数字化研究计划，引起了世界范围的广泛关注和积极参与。

其中，最引人注目的有可视人体、数字化人体、虚拟人体 3 个项目，它们统称为"数字化虚拟人体计划"。

"数字化虚拟人体计划"研究的目标，是通过人体从微观到宏观结构与机能的数字化、可视化，进而完整地描述基因、蛋白质、细胞、组织以至器官的形态与功能，最终达到人体信息的整体精确模拟。

"数字化虚拟人体计划"据认为是有史以来最雄心勃勃的研究计划，是 21 世纪科技发展新的制高点。

"虚拟人体"数字化波涛

早在 1989 年，美国国立医学图书馆即建立起采集人体横断面 CT、磁共振 MRI 与组织学数据平台，为大规模利用计算机图像重构技术建造虚拟人体作准备。这一项目称之为可视人体项目。

可视人体项目侧重人体结构的数字化研究以及相关知识库的建立。

1991 年和 1994 年，负责该项目实施的科罗拉多大学分别选择了男、女各一个活体作为研究载体。其中男的身高 1.82 米；女的身高 1.54 米。就在他们死了以后，研究人员立即用 CT 和 MRI 作了轴向扫描：男的扫描间距为 1 毫米，共 1878 个断面；女的间距 0.33 毫米，共 5189 个断面。接着研究人员将尸体填充蓝色乳胶并裹以明胶冰冻至摄氏负 80 度，再以同样的间距对尸体作组织切片摄影。这些数据称为 VHP 数据集。

VHP 数据集的立项、实施和开发具有重大意义。它在医学史上属首创，从根本上改变了医学可视化模式，为计算机图像处理和虚拟现实进入医学领域开启了大门，使走向成熟的三维重构图像处理技术以空前的速度普及。利用这个数据集，可创立虚拟解剖学、横断面解剖学、纵剖面解剖学、斜剖面解剖学以及一系列医学临床、教学和研究的虚拟模拟，可谓信息技术和医学结合的重大创新工程。

1999 年 10 月，美国橡树岭国家实验室一批著名科学家和政府官员向美国国家科学院以及国会正式递交"虚拟人体计划"报告。国防部非致命武器委员会积极支持该项目。

"虚拟人体"主要是利用 VHP 数据进行人体机能模拟。目前这项模拟研究主要在器官层面。

"虚拟人体"研究将数据、生物物理和其他模型以及高级计算法整合成一个研究环境，然后在这种环境中观察人体对外界刺激的反应。这项研究的范围已远远超出 VHP 的解剖可视化范围。

在这项研究中，科学家将物理学（例如组织的电和力学属性）与生物学（生理和生化信息）结合并构筑一个平台，观察人体对各种外界刺激（生理、生物化学乃至心理学）的反应。"虚拟人体计划"的研究成果，将使人体健康信息的储存发生根本性改变。

2001 年 5 月，美国科学家联盟提出数字化人体项目，拟建造最完整的数字人体信息库。

"数字化人体"总框架包含 VHP 数据集和辅助数据集（MRI、CT、PET、常规放射学和解剖学）、虚拟人体的层次、疾病和综合征的临床信息基础、相关的医学学科（胚胎学、人体解剖学、显微和亚显微解剖学、生理学、生物化学），以及不断扩展的工具和产品。

美国在"数字化虚拟人体计划"中显露出野心：即将"数字化虚拟人体

计划"与"人类基因组计划"研究结果结合，力图保持未来50年美国在生物学、医学、军事等一系列领域的领先地位。

"虚拟人体"数字化逐浪

目前，德、英、法等国也已经开始"数字化虚拟人体"研究，但侧重点不同。

英国侧重研究虚拟人模拟药物在人体中的作用机制。这样做一方面可缩短从实验室到动物到人再到临床应用的时间；另一方面还可取代人体药物初测，避免药物对人体造成的可能性损害。但该项研究囿于可视人体数据集的数据来自白种人，故许多方面不能体现亚洲人的特点。

亚洲一些国家则积极开展基于亚洲黄种人的可视人体计划。

2001年1月，韩国雄心勃勃地开始了"可视化韩国人计划"。其目标是完整获取CT、MRI断层扫描及0.2毫米精度的组织切片数据。

该计划准备用5年时间，完成4个人体的测试。目前该国已经完成一个人体测试，其数据量为210GB。这是世界上第二例尝试，也是东方第一例有关人种特征的人体数据采集。

日本2001年启动了为期10年的人体测量国家数据库建造计划。这项计划拟于2010年完成7~90岁34000人178个人体部位的测定，制定出日本人的人体标准数据。这项研究将在日本工业众多需要人体数据的领域产生深远影响。

目前，日本京华医科大学利用CT和MRI影像技术建造了"日本可视人"。

"虚拟中国人"搏击数字化

构造"虚拟人"的数据来源于自然人，因而"虚拟人"具有民族、区域等特征。

东方人的特点明显地与欧美人不同，而现在所用许多标准均引自欧美人数据，因而作为人口占全球总人口 1/4 的我国，建立具有中国人种特征的三维数字化人体模型，具有重要意义。

2001 年 11 月，我国科技专家在第 174 次香山科学会议上集中研讨了"中国数字化虚拟人体"课题。

2002 年 6 月，我国科学家提议国家正式立项"数字化虚拟人体"研究项目"虚拟中国人计划"。

"虚拟中国人计划"利用来源于自然人的解剖信息和生理信息，集成虚拟的数字化人体信息资源，经计算机模拟构造出"虚拟人"，可以开展无法在自然人身上进行的一系列诊断与治疗研究。

该研究项目由中科院、清华大学、北京大学联合发起，两院院士吴阶平为第一建议人。

"虚拟中国人"研究由 3 部分组成：虚拟解剖人、虚拟物理人和虚拟生理人。目前，该项目前期平台软件已经搭建成功，并开始在北京一些医院的辅助诊断及手术中付诸应用。下一步，我国科学家将选择具有中国人种代表性的样本采集数据，建立人体形态与功能信息资源库，形成具有中国人种特征，同样也具有东方人种特征的完整人体标准数据"数字化虚拟人体"。

"虚拟中国人"有着广泛的应用前景：可为医学研究、教学与临床提供形象而真实的模型，为疾病诊断、新药和新医疗手段的开发提供参考。科学家们对此评价甚高，认为这是一项与我国建造原子弹和氢弹一样具有划时代意义的基础研究工作。

"虚拟中国人计划"既是一项具有战略意义的科学研究计划，又是一项规模庞大而复杂的系统工程，它涉及新世纪众多学科的前沿技术，反映国家的综合实力。

作为国家计划，我国"数字化虚拟人体"研究虽然尚未启动，但国内研究机构已对国际相关领域作了长时间跟踪，掌握了大量信息，有了相当的技术基础和技术储备。我国利用国际公开的标本和数据资源，正在进行包括人体组织器官、三维血管模型制备、图形图像处理、三维重构、大规模数据集

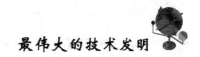

的虚拟现实漫游、人体器官功能的模拟以及人体标准数据的统计规范。

从上世纪 90 年代起，我国科学计算可视化研究已经取得重大进展，医学图像达到国际水平。此外，我国超级计算机研制也进入世界先进行列。

专家预测，我国第一代"数字化虚拟人体"可望与"洋人版"媲美！

迄今，医生判断病人的病变位置、程度及预后，需依靠二维平面医学影像资料及相关检查演绎成立体全息形态，才能进行有效的手术或其他治疗；需依靠静态或阶段性检验数据和复诊，决定用药剂量、时间及停药等治疗对策。而在医学科学技术或新药研制方面，医学研究者更需通过动物实验、志愿者或小样本临床验证，才能扩大到人群应用。"虚拟中国人"能让这种耗神费时、纷繁复杂的程序在"模型"上预演，从而降低风险并提高科研与医疗质量。

"数字化虚拟人体"还可广泛用于生物、航空、汽车、建筑、服装、家具、国防等领域。例如，开发人体的模拟替身，应用于车辆安全、环境暴露以及极端环境下的效果等。今后，培训宇航员也可利用"数字化虚拟人体"系统。只要输入候选宇航员的生理数据，将其置于太空环境中就能知道这名候选宇航员会产生的太空反应。

有关专家建议，"虚拟中国人计划"可联合韩国、日本等亚洲地区的研究力量，成立亚洲虚拟人体合作团体；同时与国际研究团体及机构建立合作关系，促进学术交流和研究进展。

导致精神分裂症的变异基因

法国国家健康与医学研究所经过对众多精神分裂症患者第 22 号染色体的观察分析，终于发现了导致罹患精神分裂症的变异基因。法国专家称，他们的这项研究成果将有助于精神分裂症的预防和治疗。

法国专家介绍说，全世界大约 1% 的人口患有不同程度的精神性疾病。虽然过去对导致这种复杂的家族遗传性疾病的原因不甚了解，但对精神分裂症患者的观察显示，这些人大多在脑成熟后期出现了神经发育异常。有鉴于此，他们对众多患者的染色体进行了研究分析，结果发现，这些患者第 22 号染色体上的一个特殊基因均出现了变异。研究人员认为，正是这个基因变异导致人体脯氨酸代谢增多，而以前的动物试验表明，脯氨酸增多对神经元发育有不良影响。

法国专家表示，目前他们正在对精神分裂症患者血液中的脯氨酸浓度值进行研究，以确定脯氨酸导致精神分裂症的准确浓度值，其目的是对与患者有直接血亲关系的人，以及已表现出某些症状的儿童进行早期检查，通过化验其血液中脯氨酸浓度进行诊断，以尽早采取预防和治疗措施。专家们还特别指出，脯氨酸含量高是可以得到治疗的。

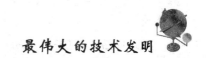

5000 多种疑难重症可望得到根本治疗

21 世纪被众多科学家公认为"生命科学"将跨越物理世界与生命世界不可逾越的鸿沟，发展成为新一轮自然科学革命的中心。生命之谜的大解密，必定要对人类生存与发展产生直接的革命性影响。

随着多国科学家大规模基因测序行动的结束，人类遗传密码这部"生命天书"的破译将进入全新的信息提取阶段。借助数学理论、信息科学和技术科学的研究成果，通过对人类基因图谱中功能基因信息的全面解读，5000 多种遗传病以及相关的疑难重症可望在分子水平上得到早期诊断和根本治疗。人类生命质量将得到更全面的保障。

科学家指出：人类所患的病症有 25% ~ 30% 与基因有关。如人类第二大致死病因肿瘤，其发生与基因有密切关系，未来可以运用生物片等对疾病进行基因诊断，进而进行基因治疗。人类还可以通过对病原菌遗传密码的"破译"，了解各类传染病的病因，从而有效控制这些传染病的传播。比如，破译痢疾基因密码后，就知道了哪些基因导致人拉肚子，从而有针对性地采取疗法。预计到 2010 年至 2020 年，基因疗法有望成为一种较普遍的疗法。

遏制衰老的对策

在了解衰老的原因及其发生机制后，我们就可对衰老采取"对症下药"的对策。

有人曾预言人的最长寿命是 180 年。虽然我们不能确信其预言是否可靠，但至少我认为这个预言的依据是有一定可信度的。这是由于在没有病变的情况下，人体正常细胞是有固定的寿命的，即有固定的分裂次数。说得明白一点，人体在无病变的情况下，机体所进行的新陈代谢的总量或总次数是固定的，这就从本质上决定了人的最长寿命是有限的。懂得了这点，即新陈代谢总量守恒，就可在生活中具体做到以下一点来实现"延长寿命"的美好的梦寐以求的愿望。

一日三餐，不要吃得过饱，尤其是逢年过节，切忌大吃大喝；平常切忌暴饮暴食；晚上入睡后醒来即使稍觉得肚子有点饿也最好不要进食，特别是刺激性过大的食物；每餐最佳是吃到七八成饱这个程度，以维持适度的饥饿。以上种种，都是源于人的代谢总量守恒。

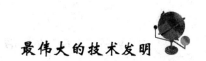
关于基因的"科学物语"

今年"科博会"期间举行的"科技前沿与产业发展中外院士论坛"带来了纯正的学术气息，也把这场注重实用的盛会推上了理论的高度。六场精彩的演讲使得整个大厅座无虚席，听众一半以上是 20 多岁的年轻人，院士们仿佛在面对着中国的未来演讲，而听众则在院士宏阔的思维大海中感受着知识"沐浴"的酣畅。

人与人之间 99.99% 的基因密码相同

中国医学科学院院长、医学分子生物学专家刘德培在题为《基因表达调控与功能基因组》的报告中回顾了生命科学史上的三次革命，他认为许多疾病其实是基因及其产物相互作用的结果。如果有一张分子水平遗传图，就可为疾病预测、预防、诊断、治疗与个体化医学提供科学参考。

人类基因组图谱及初步分析结果显示，人类基因总数约 3 万个，人类基因组中因基因密度高低不同，存在"热点"和大片"荒漠"，人与人之间 99.99% 的基因密码相同。

人类基因组的读出与读懂

刘德培院士进而指出，基因的读出需要三个步骤：（1）测序：测出共含 30 亿个碱基对的 DNA 片段序列。（2）拼接与组装：用生物信息学方法，通过计算机，将片段恢复到原来的链状结构。（3）标注：用科学语言读出人类基因组，找出 3 万多个基因的确切位置与作用。

基因的读懂意味着生命奥秘的破译，如能读懂，所有基因的表达调控规律将得到系统阐述。

世界对生物技术的重视

中国工程院副院长、医学病毒学专家侯云德在题为《加入 WTO 后我国生物药物产业面临的挑战与机遇》的报告中指出，"生物技术产业化工程"在"十五"计划高技术产业化规划中已列为 12 项重大项目之一，"功能基因组和生物芯片"在"十五"计划科技规划中也被列为 12 项重点科技之一。

美国参议院 2002 年 4 月 18 日通过决议，指定 4 月 21～28 日为"国家生物技术周"，以示国家对生物技术的重视，采用现代生物技术可从事医药、农业、工业和环境的研究和开发相关产品，对付生物恐怖主义；生物技术对改进人类生活质量产生了重要作用。2002 年 5 月 1 日，世界卫生组织发表了关于基因研究的报告，指出"基因研究可以大幅度地提高发展中国家的医疗保健事业"。

一头牛的乳腺每年可生产 300 公斤蛋白质

基因制药包括基因诊断、基因治疗、基因疫苗等，生物制药前景无限。侯云德院士说，可采用牛、羊等动物的乳腺生物反应器生产药物，一头的牛乳腺每年可生产 300 公斤蛋白质。转基因植物如玉米、烟草和大米等也可用来生产药物，转基因水稻和油菜可解决维生素 A 缺乏症和缺铁性贫血，功能性食品将得到开发，吃土豆就相当于口服腹泻疫苗。但是，药物的质量控制问题还难以在短期内解决。

20 世纪的三大科技计划

侯云德院士认为，20 世纪的三大科技计划"曼哈顿原子弹计划"、"阿波罗登月计划"及"人类基因组计划"中，对人类基因的探索及了解人类自身以致操纵生命，其意义比前两个计划更为深远。研究表明，人体有 100 万亿个细胞，每个细胞核内有 23 对染色体，约 30 亿对核苷酸，编码约 3～10 万个蛋白质，负责个体发育和维持生命活动。

基因治疗技术

侯云德院士列举了能通过基因治疗的疾病种类，它们是：遗传病、恶性肿瘤、艾滋病、乙型肝炎、心血管疾病、代谢性疾病等。目前，全球临床方案数达 300 多项，病例数超过 3500 人，其中美国的病例占 80%；61% 的病例为恶性肿瘤；24% 为艾滋病 DNA 和基因疫苗。目前存在的问题是：治疗肿瘤的靶基因尚不很清楚，基因表达调控尚未完全解决。

基因芯片将为疾病预防提供导向图

侯云德院士介绍了计算机科学与生命科学相结合而形成的新学科－生物信息学，而生物芯片则是将成千上万个与生命活动相关的大分子样品，借鉴半导体技术，集成在一块数平方厘米的载体片上进行化学反应，并将检测数据进行分析处理的一种崭新技术。目前的生物芯片主要是 D. A 和蛋白质微阵列芯片。

在未来 5～10 年内，生物芯片将发展成在人类健康保健、医药、环保、食品、农业以及其他生命科学研究领域内的巨大产业。生物芯片可用来检测核酸的变异和多样性，分析疾病组织的基因表达及疾病易感性，其市场每年将增加 50%。

胚胎干细胞工程可用来治疗多种疑难病

侯云德院士指出，克隆羊的成功，证明哺乳动物的体细胞具有发育潜能，因而有可能将受者的体细胞或脏器特异性干细胞，培养于特定的环境中，使之增殖、分化为特异性功能细胞。多能胚胎干细胞分化为神经细胞、血液和免疫细胞及肝细胞等实验已经成功。它将在医学上引起一场革命，治疗多种疑难病症。

日本东京大学生物学教授 Makoto 在国际上首次采用青蛙的胚胎干细胞培养出人工眼球。2001 年 6 月的一则报道发现，一种鱼的基因可触发干细胞分化发展成组织，形成内脏。但其产业化的路途尚不明晰。

约 6000 种遗传病与基因变异有关

随着人类基因组计划的实施，已知人与人之间核苷酸不完全相同，许多疾病的易感性、得病的严重性均与基因的变异有关，据统计，约 6000 种遗传病与基因变异有关。感染个体的病毒、微生物对药物的抗药性不同，个体对药物的敏感性也不同。

侯云德院士指出，《科学》杂志上发表的文章表明：没有任何一种已知基因是单一形式的，人类每个单一基因平均有 14 个版本可被遗传，从约四千个基因中发现有 6 万个以上的基因版本。假如人类只有 3 万个基因，那么其版本则有 50 万个。药物的安全性和副作用在很大程度上决定于其基因的版本。

1000 多种生物新药中治疗癌症的有 400 种

2001 年美国食品和药物管理局正式批准上市的生物制药为 117 种，市场资本总额为 3300 亿美元，处于临床研究阶段的药物有 1000 多种。全球约一半人已使用过生物技术产品。侯云德院士指出，近20年来生物制药在整个药物和生物制品中所占份额不断增加。美国食品和药物管理局近5年批准上市的生物技术药物已超过过去13年的总和。尽管美国经济不振，但生物技术公司在经济效益上处于其25年来最好的时期，去年上市公司增加了13%，生物技术公司的资产增加了330亿美元，高于过去5年投资的总和；1000多种新药中治疗癌症的有400种，儿童需要的新药200多种。

我国医药生物产品14年翻了100倍

侯云德院士认为，我国生物医药产业的总体技术水平与国外差距相对较小，1986年我国生物技术产品的销售额仅2亿人民币，2000年达200亿，增加了100倍。1999年我国从事生物技术研究和开发的公司约为320家，生产厂家80多家。从事生物技术的科研院所和大学有297家，2000年近20种基因工程药物和疫苗批准进行商业化生产，奠定了我国生物高技术产业的基础。约20～30种基因工程药物处于临床前或临床Ⅰ、Ⅱ期试验。

试管婴儿危险高？

最近出版的《新英格兰医学杂志》报道说，两项研究表明，试管婴儿出生时带有严重生理缺陷和体重不足的几率是普通婴儿的两倍。现在越来越多的不孕夫妇希望能借助再生医疗手段帮助他们怀孕并生下自己的宝宝，而科学家的这项发现无疑给这些不孕夫妇泼了一盆冷水，也引起了他们的极大关注。有人对此说法持怀疑态度，但是他们的反对理由似乎并不十分充足，因为人工授精技术往往会造成双胞胎甚至多胞胎，而这种多胞现象存在很大的风险。

从事这两项研究的科学家说，即使排除掉人工授精导致多胎现象的可能性，单胞胎试管婴儿出生时体重过轻或者带有缺陷的风险很高。因为在人工授精时需要将卵子从女性体内暂时取出，然后将其放在试管里与精子混合以使其结合，或者直接将精子注射进卵子里面，外界的因素会对精子和卵子的结合产生影响。

这两个科研小组研究的重点不同，一个重点研究试管婴儿出生时的生理缺陷，另一个小组重点研究试管婴儿出生时的体重不足。领导重点在于研究试管婴儿生理缺陷科研小组的西澳大利亚大学科学家米歇尔·汉森介绍说，"我们发现通过人工授精这种再生生殖手段怀孕的婴儿，在出生后一年内被诊断出有严重生理缺陷的几率比自然怀孕的婴儿患有严重生理缺陷的几率高两倍"。

澳大利亚研究人员对 837 名通过试管混合法产下的婴儿、301 名通过精子注射法产下的婴儿与 4000 名普通婴儿进行了对比评估，并考虑到了一些妇女生育时年龄偏大、已生小孩数量、所产试管婴儿性别等因素，结果发现，试管婴儿患有先天性缺陷的比例比普通婴儿高。

而在另外一项重点在婴儿体重的研究中，研究人员对美国 1996 年到 1997 年间出生的 42463 名试管婴儿与 1997 年间出生的 430 万普通婴儿进行了对比。"试管婴儿出生时体重不足的情况是普通婴儿的 2.6 倍"，领导这项研究的亚特兰大疾病预防与控制中心医学专家劳拉·谢弗说，体重过轻的新生儿在出生后很有可能引起并发症。他补充说，"出生时体重不足的婴儿死亡率高于普通婴儿，他们会长期发育不良"。虽然试管婴儿在 1997 年前出生的 10 岁以下婴儿中只占 0.6% 的比例，但是研究人员发现，在那期间出生的有体重不足的婴儿中试管婴儿却占了 7.8%！波士顿大学公共卫生学院艾伦·米切尔博士说，如果这个新发现是准确的，那么单胞胎试管婴儿在出生时可能体重只是正常怀胎婴儿体重的 94%，而出生时不带有严重生理缺陷的双胞胎试管婴儿可能体重只有正常婴儿的 91%。

究竟什么原因会导致试管婴儿出生时有先天缺陷或者体重不足，科学家并不知道答案。澳大利亚科研小组研究人员认为，潜在的原因可能是不育症和用于进行试管婴儿实验的药物，或者诸如胚胎冷冻解冻等其他与进行人工授精的过程相关的因素，这些因素可能会导致婴儿出生时带有缺陷。

而谢弗领导的科研小组发现，将不育症夫妇的人工授精胚胎植入别的女性子宫发育后，胎儿在出生时不会出现体重不足的现象，这有可能说明试管婴儿体重不足与不育症有关，而不是与试管婴儿技术有关。这个科研小组的研究人员同时还发现，双胞胎试管婴儿出生时体重不足的比例与自然受精的双胞胎一样。

这些科学家认为，即使不是早产儿的单胞胎试管婴儿出生时也会体重不足这个事实表明，他们体重不足可能与治疗不育症的方法有着直接的关系。但这只是一种可能，导致试管婴儿体重不足的原因仍然是个谜。

米切尔博士认为，研究结果并未证明试管婴儿有先天性缺陷或者体重不足的危险与妇女的不孕症、吸毒及戒毒过程有关，但是对于那些期望通过再生医疗手段怀孕的不孕夫妇来说，也许体重上的差别没有多大关系，没必要因此而过于担心。

伟大的发现

2001 年 7 月 17 日，在上海爆出了一条令世界遗传界兴奋的消息：上海交通大学 – 中科院上海生命科学院贺林教授研究室定位克隆的 IHH 基因就是困扰了世界遗传界近百年，被称为世纪之谜的 A – 1 型短指（趾）症的致病基因。

在我们生活的世界里，有着这样一些特殊的人群，他们的手指或脚趾的中节指（趾）骨很短，并可能与远指（趾）骨融合，俗称"短一节"，短一节手指不仅影响美观，而且会影响正常的生活与工作，大大降低了生活质量。这一奇异的现象早在 1903 年就被生物学家法拉比在它的博士论文中提到过。之后，一些世界遗传学经典和生物教科书都把 A – 1 型短指（趾）畸形症收入其中，希望有一天能够破解短指（趾）症之谜。近百年来，A – 1 型短指（趾）症就如同哥德巴赫猜想一样吸引着世界顶尖级生命科学家的目光，尽管他们拥有着进行研究所必需的先进设备与实力，但是，却没有人能够破解这个谜团。而贺林教授实验室通过对居住在我国贵州与湖南交界处山区的短指（趾）症家系的调查与分析，仅用了很短的时间就搞清楚了位于 2 号染色体上的 IHH 基因就是 A – 1 型短指（趾）症的致病基因，从而给这个世纪之谜画上了句号。不仅如此，他们还通过对多个家系的调查，发现了 IHH 基因不单单控制着指节的缺失，而且还与身高密切相关，从而为人类揭开身高之谜提供了重要的基因依据。这是自我国实施人类基因组计划以来，中国科学家提示人类自身奥秘的又一重大进展。

生命科学家的"圣餐"

现代科学的发展，早已使人类成为这个世界的主宰，但是，与人类探索外部世界所取得的巨大成就相比，人类对自身的了解与认识却显得是那么不尽如人意。有资料显示，全世界每天有20%～50%的人在经受着自身各种疾病的折磨。肿瘤，心血管疾病，糖尿病等等，如幽灵一样时刻缠绕着人类，严重威胁着人类的健康，并随时让人类为健康付出巨大的代价。此外，像人脑为什么能够思维，智力是如何产生的，这些人类自身的未解之谜也时时激发着科学家的探索热情。随着生命科学的发展，人们逐渐认识到了这些都和染色体上DNA分子中具有特定遗传效应的核苷酸序列有关，而这个具有特定遗传效应的核苷酸序列就是基因，是基因在控制着人类的生命演化，是基因在掌管着人类的生老病死。为彻底揭开人类生命的各种奥秘，根治困扰人类的各种顽疾，从1990年起，美国率先制定了一项投入30亿美元，耗时15年的旨在查清人类所有基因情况的基础性研究计划-人类基因组计划，由于这个计划是如此的宏伟庞大，以至于人们把它与阿波罗登月计划。但是，谁都知道，人类基因组计划对人类自身的影响将远远超过其他的两项计划。

一位生命科学家、中国科学院院士说："人类基因组计划是生命科学家长久以来梦寐以求的'圣餐'。"

这道圣餐的规模是如此庞大，人类的遗传物质是DNA，它的总和就是基因组，基因组里有30亿对核苷酸序列，分布在23对染色体的DNA上，而能称作基因的核苷酸序列仅为3～4万个，这才是这道圣餐的真正美味，但是，这谈何容易，在30亿中要找到3～4万个目标，这无异于大海捞针，要品尝好这道圣餐不仅需要超常的耐力，更需要不凡的科学智慧与经济实力。于是，一场排查测定基因位置并解码组成基因的4种碱基物质，即A、T、C、G为排列顺序的工作紧张地开展了起来，其目的就是画出一张"圣餐"的美食藏宝图，这张图就是人类基因组的测序图谱。

日本开始"后基因组之战"

在国际人类基因组计划于今年年初基本破译了人类遗传密码之后，世界生命科学研究进入一个以蛋白质和药物基因学为重点的后基因组时代。日本与欧美国家在这一时代的技术争夺战也拉开了序幕。日本政府和各大制药公司已把精力集中在分析基因结构与功能，研究开发新的基因疗法与药物等新医疗技术方面，决心在后基因组研究阶段竭尽全力，赶超欧美国家。从去年开始，日本政府就实施了"新纪元工程"，其中把基因制药作为四大科研重点之一，其目标是在4年内破译人体的3万个基因和15万个单核苷酸多态性碱基对序列，以发现导致老年痴呆症、癌症、糖尿病、高血压、过敏症等疾病的基因以及与药物反应有关的基因，从而针对不同患者的具体情况制定出最佳治疗方案。今年年初，日本政府又制定了"推进基因组战略"，提出要加强对基因多样性、疾病基因以及蛋白质结构与功能的研究，要加强对基因信息科学的研究开发。另外，还要加强对脑科学、再生医疗、免疫性过敏和感染症的研究，从而推动基因科学在医疗领域的应用。日本经济产业省、文部科学省、厚生劳动省等也在本省管辖范围内积极推进有关的研究开发。最大的政府科研机构理化研究所于今年年初在横滨建成了全国最大规模的基因组科学综合研究中心，并开始同企业进行多方面合作。文部科学省以风险企业为对象，实施资助政策，以促进基因疗法与药物及再生医疗等新医疗技术的发展。日本各大制药公司也不甘落后，采取"集中"与"联合"的方针，加速基因疗法与药物的研究开发。日本制药界近年来大幅度增加了相关领域的研究开发经费。以13家大制药公司为例，从1999年开始的3年间，研究开发费增长率分别为3%、15%和6%，本年度研究开发总额已超过6000亿日元（1

美元合 123.3 日元）。不少公司的研究开发费在销售额中所占比例超过了 10%，甚至高达 20%。日本制药公司集中力量，扩充和新建科研机构，选定商业化前途最明朗的目标，通过同国内外风险企业合作，或者购买技术等手段，加速基因科学的研究。宝酒造公司斥资 50 亿日元，建设了基因解析中心，并计划同蒙古合作解析黄种人的基因。为了与规模庞大的美欧制药厂家竞争，日本医药公司在政府主管部门的组织下实现"吴越同舟"，联手加强技术攻关。例如，在经济产业省的牵头下，70 余家制药、生物及高技术公司于今年年初结成了"生物产业信息化共同体"，准备齐心协力解析蛋白质的结构与功能；另外有 43 家制药企业联合，计划解析日本人的"单核苷酸多态性基因"，为"个性化治疗"做准备；还有 22 家制药厂商组成"蛋白质结构解析共同体"，利用大型辐射光设施"SPring - 8"解析和测定受体蛋白质，以加快基因疗法与药物的研究开发。在研究开发基因疗法与药物方面，日本已经出现了一批以大学教授为创始人的风险企业，计算机厂家利用本身的信息技术优势，积极涉足基因科学领域，促进了新的跨学科领域生物信息科学的形成与发展。日本正全力以赴，力争打赢"后基因组之战"。

科学家称发现与长寿有关的基因

意大利和芬兰科学家最近声称，他们经研究发现一种与长寿有关的基因。

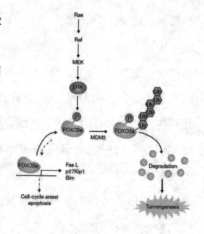

这种基因已为科学家所知，但过去人们一直以为，该基因的作用只是控制在血液中运送脂肪。意大利布雷西亚流行病研究所所长弗里索尼和芬兰老年病专家卢西加的新研究发现，这种基因有 3 种变异体，分别为 E－2、E－3 和 E－4。其中，E－2 变异体在长寿中发挥着作用。

他们共研究了 185 名芬兰百岁老人，结果发现，体内含 E－4 的老人与长寿无缘，因为含该基因变异体的人血液运送脂肪的能力差，得心血管病和心肌梗塞的机会因此要多。研究发现，携带 E－2 有助于人长寿，不少百岁以上老人体内含有这种基因变异体。

据分析，E－2 之所以与长寿有关，可能是因为它有助于增强内分泌系统的作用，能使大脑和各器官之间更好地传递生理信息，使机体细胞和组织能更有效抵御疾病的袭击。

但是，弗里索尼在介绍上述研究成果时也强调说，基因虽然有相当重要的作用，但并非决定长寿的唯一因素。他认为，环境和生活习惯在长寿方面所起的作用可能达到66%。

组织工程：再造生命奇迹

我们一项医学上最新的技术——组织工程来进行再造手术。与传统的手术方法相比。既省时间，又少辛苦，外形则愈加完美，可望达到乱真程度。

目前，修复缺损器官的方法一般有自体移植、异体移植和组织代用器三种。但它们各有弊端。如自体移植，要以牺牲患者自己正常器官组织为代价，这种"拆东墙补西墙"的办法不仅会增加患者痛苦，还因有的器官独一无二，而无法做移植手术；异体移植，最难解决的是增强免疫排斥反应问题，失败率极高，加之异体器官来源有限，供不应求，因而难以实施；动物器官移植，同样存在排斥反应，而且还要冒着将动物特有的一些病毒传给人类的危险，采用组织代用品如硅胶、不锈钢、金属合金等，它们致命的弱点是与人体相容性差，不能长久使用，还易引起感染。

近十年来，科学家们运用生物工程技术，利用人体残余器官的少量正常细胞进行体外繁殖，既可获得患者所需的、具有相同功能的器官，又不存在排斥反应，已取得了令人满意的成果，不少新近成立的生物技术公司正准备推出商品。再生的和在实验室培育的骨骼、软骨、血管和皮肤，以及胚胎期的胎儿神经组织都在进行人体试验。肝脏、胰脏、心脏、乳房、手指和耳朵等正在实验室里生长成形。科学家们甚至正在尝试培育能充当药物释放渠道的组织。唾液腺能分泌抗真菌蛋白质；皮肤能释放生长激素；基因工程器官能矫正患者自身的遗传缺陷，等等。

这一切预示着世界外科领域将跨入一个前所未有的崭新时代。组织工程是应用细胞生物学和工程学原理，在实验室里，将人体某部分的组织细胞进行人工培养繁殖，扩增上万倍。把这些细胞种植和吸附在一种生物材料的支

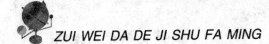

架上，然后一并移植到人体内所需要的部位。值得一提的是，这种支架必须相容性好，并可以在人体内逐步降解、吸收。其实，外科手术中使用的创口缝合线就是一种生物材料。医生用这种缝线把创口缝牢，过几个月后，创口早已愈合，这类缝线也逐降解，被人体吸收和排泄了。在组织工程中，用这些材料制成的各种三维结构的细胞培养载体，即支架，可以在细胞再增殖过程中，为它们提供营养物质，进行氧和二氧化碳交换，并排泄废料，而它自身却又逐渐被人体降解、吸收和排泄，最后就形成了有特定功能和形态的新的组织和器官，从而达到修复和再造的治疗目的。

名副其实的备用人体器官将在数年内由实验室走向患者。在美国马萨诸塞大学，由查尔斯·瓦坎蒂领导的一个研究小组正在生物反应器里为两位切掉拇指的机械师培育拇指的指骨。瓦坎蒂说，他们会把其中一个拇指或者两个拇指移植给患者。与此同时，安东尼·阿塔拉博士领导的一个由波士顿儿童医院的医生组成的小组正计划把用胎儿细胞培育的膀胱植入人体。

培育人体组织的最大"市场"是用于治疗口腔疾病。用人体组织工程学方法培育的首批替代材料之一是美国阿特丽克斯公司生产的 Atrisorb，这是一种掺有生长激素和疗效药物的可吸收生物材料，它能促进牙龈组织再生。目前，科学家们已经克隆和排列出生成珐琅质的全部基因顺序，实验室培育的人体珐琅质将在 5～10 年后出现。从事这项研究的专家宣称，如果龋洞能用原先的组织填充，那么我们再也不必用传统的方法补牙了。

可以预料，21 世纪医学领域必将出现更加辉煌的新面貌，这决不会是一句臆断的空话！

骨髓移植改变了什么？

随着医学知识的普及，"骨髓移植"早已不是什么新鲜词了，很多人都知道，如果人的骨髓出现问题，失去造血功能，就可能不得不接受骨髓移植手术。但是成功接受骨髓移植后，患者的身体方面会发生什么变化，一般人恐怕都不了解。

像还是不像？

前些时候，有人提出：进行骨髓移植后，两个非亲非故的陌生人的相貌越长越像。还有一种比较流行的说法认为患者的性格会发生变化。

这些问题，大都源于一些媒体的报道。

说相貌越来越像的报道举了实例。第一个例子是 1996 年中华（上海）骨髓库第一个配型成功，并捐献造血干细胞的志愿者孙伟。据报道，当年 26 岁的他与 11 岁的小患者术后一直保持联系，通信、寄照片。上海红十字会的工作人员表示："所有见过照片的人，都觉得像极了。"而另一位捐髓者周海燕也是同样的情况。文章还提到，越长越像的是两位移植时间比较长的患者，因为孙伟和周海燕的捐髓手术分别是全国的第一例和第三例。

还有报道说："一名皮肤白皙的女士成功地将骨髓捐给一名皮肤黝黑的女大学生，奇怪的是这名大学生的皮肤奇迹般地日渐白皙；脾气暴躁的一名患者在接受了骨髓移植后，渐渐地脾气如同骨髓捐献者一般温和了。在中国仅有的十几例骨髓成功移植案例中，这种奇迹不能仅仅用巧合来解释。"

这种说法有科学性吗？有的读者看到报道后告诉记者，生活中两个非亲缘关系的人越长越像是有可能的，"夫妻脸"就是一个例子，甚至还有说法认为孩子会长得像保姆或是奶妈，而血液，似乎比共同生活、奶水哺育等因素更"可靠"。

骨髓移植，移植的是造血干细胞，干细胞在揭示生命奥秘方面的巨大潜力叫人对这些问题产生疑惑。

骨髓移植到底改变了什么？

中国医学科学院血液学研究所造血干细胞移植中心主任韩明哲博士接受了本报记者的采访，他从事血液病临床和基础研究工作已经近 20 年。

谈到骨髓移植，韩明哲博士更倾向使用的词是"造血干细胞移植"。他说，造血干细胞移植是经大剂量放化疗或其他免疫抑制预处理，清除受体体内的肿瘤细胞、异常克隆细胞，阻断发病机制，然后把自体或异体造血干细胞移植给受体，使受体重建正常造血和免疫，从而达到治疗目的的一种治疗手段。

据介绍，造血干细胞移植目前广泛应用于恶性血液病、非恶性难治性血液病、遗传性疾病和某些实体瘤治疗，并获得了较好的疗效。1990 年后这种治疗手段迅速发展，全世界 1997 年移植例数达到 4.7 万例以上，自 1995 年开始，自体造血干细胞移植例数超过异基因造血干细胞移植，占总数的 60% 以上。同时移植种类逐渐增多，提高了临床疗效。

造血干细胞移植后，患者身体的确会发生一些变化。韩明哲博士告诉记者，根据现有的已经被普遍接受的研究资料，接受骨髓移植者，最常见的改变是血型，移植后患者的红细胞血型变为供者红细胞血型。比如供者是 A 型，移植后不论移植前患者血型为何型，均变为 A 型。内分泌系统也会改变：由于移植前预处理为大剂量照射和化疗，这种治疗对身体器官有很大的损伤。移植后很多器官组织短期内得到恢复，但是性激素分泌变化显著。男性患者出现精子数量减少，但其性功能（性生活）不受影响。女性患者常常出现闭经。另外，由于移植后的免疫反应，部分患者会出现口腔溃疡、皮肤色素沉着。

典型的伪科学思维?

对于骨髓移植"移植"走了相貌、性格,某科技网站发表评论说:"这是典型的伪科学思维。即使所说的事例不是编造的,要在两个人之间找到某种无法定量测定的相似性有什么难的?为什么这一对是相貌相似,那一对是肤色相似,另一对又是性格相似?骨髓的影响会因人而异不成?怎么知道这种相似性就是骨髓引起的?如果统计表明大部分骨髓移植的结果是肤色都变相似了,还可以怀疑是否不是巧合。像这样因人而异的不同方面的相似性,连巧合都算不上。"

也有专家认为,报道中所谓的"像"与"不像"是缺乏科学定义的,因为相貌受遗传背景控制,涉及皮肤、骨骼、毛发等上百种细胞类型及其空间结构,是个相当复杂的多基因性状。而骨髓移植,主要为了将造血干细胞输给患者,以重建造血功能,这些都只能在血液中表达,怎么可能改变相貌呢?

韩明哲博士告诉记者,近几年,研究结果表明造血干细胞具有可塑性,可以转变为血管、肝脏、脂肪、神经、肌肉等组织细胞。因此很多研究单位、医院研究用造血干细胞治疗冠心病、神经损伤、血管闭塞性疾病。但是他认为,因为成人患者骨骼生长已经停止,所以移植患者长相不会有大的改变。另外,同胞之间本身有一定的相似。他很肯定地说,据他所知,国内的研究和治疗中还没有出现这种情况,国外的科学文献也没有报道过这样的先例。

韩明哲博士认为,接受捐赠者在性格方面的确可能会有改变,但是他强调这并非是造血干细胞移植的结果,而主要是因为患者通过一系列治疗后,对人生有另一种认识。并且移植后一段时间免疫力低下,在饮食、社交活动中需要注意避免感染,故很多患者会变得小心谨慎。

至于其他方面,如异性之间的骨髓移植是否会改变患者的性别,韩明哲博士很明确表示绝对不会。他说,骨髓移植只是替换造血系统,尽管有的器官当中存在少量的供者细胞,但其他器官没有很大的改变,尤其是性器官。人的一生很多关键的生长发育是在胎儿期间完成的,一个器官的形成需要非

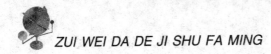

常复杂的发育过程。因此，单纯通过骨髓移植改变人的性别是不可能的。

不过也不是所有的专家都对此持怀疑态度，上海市血液中心专门从事白血病研究的仇志根博士在接受媒体采访时表示，也许有"越来越像"的可能，他说：传统观念认为，不同组织种类的干细胞是"世袭终身制"，不可逆转，然而在 1999 年，美国科学家首先证明人体干细胞具有"横向分化"的功能，比如造血干细胞可能转化为肌肉细胞、神经细胞、成骨细胞等等，反之亦然。这一里程碑式的发现立即轰动世界，两年后，《科学》杂志评出"21 世纪最重要的科学领域"，干细胞列十项之首。美国科学家曾将黑鼠的骨髓移植给白鼠，白鼠长出了黑毛发；英国科学家将骨髓植入心脏病人的心脏，结果骨髓干细胞分化构建成小的毛细血管，改善了心脏功能。在他看来，相貌的"移植"恐怕不仅仅是猜测或者空想。

讨论还将继续。也有专家表示，关于国内的骨髓移植，可能这些话题都还不应该是"主角"，尽快解决国内骨髓库捐献者资料稀缺的问题才是目前最迫切的事情。

用化学方法研究生命过程

在生命科学的研究过程中，多学科的融合大大推动了科学的发展，使新的研究领域不断出现。今天，化学家在分子的层面上用化学的思路和方法研究生命现象和生命过程，为生命科学的研究创造了新的技术和理论，从而形成了一个新兴的学科——化学生物学。这是化学家们近日在北京举行的第二届全国生物化学学术会议上讲述的。本次会议学术委员会主席、国家自然科学基金委员会化学部主任张礼和院士说，从会议论文的内容看，这次会议实际上是在化学生物学领域内第一次的跨学科的学术讨论会。他相信化学生物学是一片充满机遇的科学研究处女地。

作为近年来涌现的新学科，化学生物学（Chemical Biology）融合了化学、生物学、物理学、信息科学等多个相关学科的理论、技术和研究方法，跳出了传统的思路和方法，从更深的层面去研究生命过程。虽然目前还没有一个公认的化学生物学的定义和研究范围，但从分子的基础去研究和了解大分子之间、化学小分子与生物大分子之间的相互作用，以及这些作用对生命体系的调节、控制都是很多研究的共同点。上世纪70年代化学家就曾用化学的方法去研究生命体系中的一些化学反应如细胞过程等，从而发展出生物有机化学、生物无机化学、生物分析等一些以生命体系为研究对象的化学分支学科。到了90年代，以基因重组技术为基础的分子生物学、结构生物学的发展，人类基因组计划框架图谱的完成、功能基因学的实施，对化学产生了很大的影响，化学生物学、化学基因组学相继出

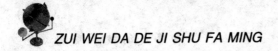

现。化学家们相信如果人类有 3.5 万个基因相互作用控制了生命过程，那么一定会发现至少 3.5 万个可控制这些基因的化学小分子，也会带来至少 3.5 万个诸如这些小分子如何调节基因的化学问题。

张礼和说，化学融合到生物学的研究领域为生物学带来了快速的发展。Watson-CrickDNA 双螺旋结构的确定，以及 Khorona 对寡核苷酸合成的贡献都直接推动了近代生物学的发展，他们的成就被载入史册。随着科学的发展，学科的交叉和融合越来越受到重视。1986 年 Tom Kaiser/ Ron Breslow Koji Nakaishi 组织了第一届国际生物有机化学学术讨论会。2001 年 IUPAC 将下属第三分部改为有机和生物分子化学，突出了对生物分子的化学研究。我国北京大学唐有祺院士和中国科学院上海有机所的惠永正教授在 80 年代初提出要研究"生命过程中的化学问题"，并组织了"攀登计划"研究，之后中国科学院化学研究所、北京大学等研究所和高校也成立了化学生物研究中心或化学生物学系，化学生物学开始成为 21 世纪一个重要的化学研究领域。

北京大学药学院王夔院士在本次会议上作题为《生物无机化学研究中的几个基本问题》的报告。他说生命科学中的基本问题主要是复杂性问题。对于生物体系的化学结构、体系内和体系间发生的各种变化都含有无机离子和分子的作用。但对这些问题的认识大多数来自生物学家，对于其中无机物的作用却知之甚少，这为无机化学研究提出了若干基础问题。他相信用无机化学的理论、思路去研究这些问题是一个广泛而重要的领域。他认为从世界范围内来说，我国无机化学在生物学的研究中比较注重于应用，比如研究无机金属离子在疾病过程中的作用，这方面的研究在世界上已占有一席之地，困难是无机化学在生物科学的研究中还不太为人注意。

美国加州大学伯克利分校的细胞和分子药理学系的副教授 Kevan M. Shokat、德国 Munchen 大学的 Christohp Brauchle 等作了大会报告。他们在基因调制、蛋白磷脂化、单个生物分子检测以及糖生物学等领域作出了开创性的工作。

　　张礼和指出，化学生物学的研究有两方面的意义，第一可促进功能基因的研究，第二为发展新药提供厚实的学术基础。我国化学生物学的研究才刚刚起步，从事化学生物学研究的优势是我们有许多天然的研究资源，有许多不同的化学小分子，是国际上小分子最主要的来源。面临的困难是研究经费比较短缺，国内这一学科与生物学的交叉还比较差，不太融合，主要是专业间还存在隔阂，真正做到学科间的交叉还需要时间的磨合；他说将来要积极促进化学与生物学、信息科学等的交叉和融合，同时还需要做更多的工作来介绍、宣传化学生物学、生命科学、药理学等学科研究的重要性。

人的第二个"大脑"

在生命体的活动中，除大脑外，脊髓的作用也极其重要。如果把大脑比喻成生命指挥中心，那么脊髓便是大脑与四肢唯一的信息交换通道。但是，通常并不能把脊髓称作人的第二大脑。那么，人体内真有第二个大脑吗？对这一听起来似乎是不可思议的问题，科学家得出的结论却出乎许多人意料——答案是肯定的。

哥伦比亚大学的迈克·格尔松教授经研究确定，在人体胃肠道组织的褶皱中有一个"组织机构"，即神经细胞综合体。在专门的物质——神经传感器的帮助下，该综合体能独立于大脑工作并进行信号交换，它甚至能像大脑一样参加学习等智力活动。迈克·格尔松教授由此创立了神经胃肠病学学科。

同大脑一样，为第二大脑提供营养的是神经胶质细胞。第二大脑还拥有属于自己的负责免疫、保卫的细胞。另外，像血清素、谷氨酸盐、神经肽蛋白等神经传感器的存在也加大了它与大脑间的这种相似性。

人体内这个所谓的第二大脑有自己有趣的起源。古老的腔体生物拥有早期神经系统，这个系统使生物在进化演变过程中变为功能繁复的大脑，而早期神经系统的残余部分则转变成控制内部器官如消化器官的活动中心，这一转变在胚胎发育过程中可以观察到。在胚胎神经系统形成最早阶段，细胞凝聚物首先分裂，一部分形成中央神经系统，另一部分在胚胎体内游动，直到落入胃肠道系统中，在这里转变为独立的神经系统，后来随着胚胎发育，在专门的神经纤维——迷走神经作用下该系统才与中央神经系统建立联系。

不久以前，人们还以为肠道只不过是带有基本条件反射的肌肉管状体，任何人都没注意到它的细胞结构、数量及其活动。但近年来，科学家惊奇地发现，胃肠道细胞的数量约有上亿个，迷走神经根本无法保证这种复杂的系统同大脑间的密切联系。那么胃肠系统是怎么工作的呢？科学家通过研究发现，胃肠系统之所以能独立地工作，原因就在于它有自己的司令部——人体第二大脑。第二大脑的主要机能是监控胃部活动及消化过程，观察食物特点、调节消化速度、加快或者放慢消化液分泌。十分有意思的是，像大脑一样，人体第二大脑也需要休息、沉浸于梦境。第二大脑在做梦时肠道会出现一些波动现象，如肌肉收缩。在精神紧张情况下，第二大脑会像大脑一样分泌出专门的荷尔蒙，其中有过量的血清素。人能体验到那种状态，即有时有一种"猫抓心"的感觉，在特别严重的情况下，如惊吓、胃部遭到刺激则会出现腹泻。所谓"吓得屁滚尿流"即指这种情况，俄罗斯人称之为"熊病"。

医学界曾有这样的术语，即神经胃，主要指胃对胃灼热、气管痉挛这样强烈刺激所产生的反应。倘若有进一步的不良刺激因素作用，那么胃将根据大脑指令分泌出会引起胃炎、胃溃疡的物质。相反，第二大脑的活动也会影响大脑的活动。比如，将消化不良的信号回送到大脑，从而引起恶心、头痛或者其他不舒服的感觉。人体有时对一些物质过敏就是第二大脑作用于大脑的结果。

科学家虽然已发现了第二大脑在生命活动中的作用，但目前还有许多现象等待进一步研究。科学家还没有弄清第二大脑在人的思维过程中到底发挥什么样的作用，以及低级动物体内是否也应存在第二大脑等问题。人们相信，总有一天，科学会让每个人真正认知生命。

为此，科学家发出呼吁："爱护肠胃！爱护自己的第二大脑！"

谁为细胞办丧事

谈到死亡，一般人想到的都是凄凉或者悲伤的场面，但对于美国纽约冷泉港实验室（全世界最著名的细胞分子生物学实验室之一）的迈克尔·加德纳教授来说，死亡却是一个异常繁忙的场面。这是他从自己的工作中得到的体验——他专门研究动物的机体是如何处置体内死亡的细胞的。

动物体内每时每刻都有大量细胞死亡。机体对这些死亡细胞的正确处置是一项非常重要的生理功能。如果机体不能及时将体内的死亡细胞处置掉，后者便会在体内引发一系列对机体有害的病理反应。比如，人的胚胎发育的初期，双手和双脚的指（趾）头之间会有一种类似于鸭子脚上的蹼一样的结构，但随着胚胎的发育，构成这种结构的细胞会逐渐死亡，并被机体清除掉。到胎儿出生时，这种蹼样结构会完全消失。但如果胎儿的这种机制发生了异常，那么孕妇生下来的就是个畸形儿。

在大多数情况下，机体都是依靠体内一种名为"巨噬细胞"的细胞来吞噬和处理体内的死亡细胞的。现在，让加德纳等科学家感兴趣的是，巨噬细胞是如何知道一个细胞是否已经发生了死亡，进而对其发挥吞噬作用的呢？因为如果不能精确地做到这一点，那么巨噬细胞很有可能对健康的细胞也发动攻击，继而造成机体损伤。

经过近10年的研究，科学家已经初步探明，是巨噬细胞表面的某些分子在发挥着识别死亡细胞的功能。此外，死亡细胞表面也表达某种分子，这种分子被认为是死亡细胞向巨噬细胞发出的信号，告诉巨噬细胞可以来吞噬自己了，所以有人称其为"诱吞分子"。

科学家发现，在某些死亡细胞的表面存在一种名为"磷脂酰丝氨酸"

（PG）的诱吞分子，而在巨噬细胞的表面则有一种可以和 PG 分子相结合的蛋白质分子。通过这两种分子，巨噬细胞就可以正确地识别死亡细胞，并对其发挥吞噬作用。

那么健康细胞之所以不被巨噬细胞所吞噬，是不是因为它们的细胞膜表面没有 PG 分子呢？科学家的研究显示，PG 同样存在于健康细胞，只不过在健康细胞，这种分子只存在于细胞膜的内表面，平时巨噬细胞没有机会接触到这些分子。但当细胞死亡时，死亡细胞内部一种特殊的蛋白质就会将 PG 分子迅速转运到细胞膜的外表面，以供巨噬细胞识别。

除了 PG 分子，健康细胞还借助其他机制来确保自身安全。比如，巨噬细胞与白细胞在血管里一起流动的时候，会主动捕捉白细胞。但很快地，巨噬细胞又会将那些健康的白细胞释放开，而那些确实已经死亡的白细胞则会被巨噬细胞毫不留情地吞噬掉。科学家发现，在与巨噬细胞结合的过程中，白细胞会通过一种名为 CD31 的分子"告诉"巨噬细胞："我还没有死"。

D. A 可在土壤中保存 40 万年

英国牛津大学的科学家最近对在西伯利亚和新西兰采集的土壤标本进行研究时发现，脱氧核糖核酸（D. A）可以在土壤中保存 40 万年。

该大学的阿兰·库珀教授称，研究人员对土壤样本中发现的古代猛犸和恐鸟的 D. A 进行分析后证实，D. A 自然保存的时间远比人们想象的要长，这为史前研究和转基因研究开辟了新的领域。

目前，库珀带领的研究小组正在新西兰南岛纳尔逊西北部的干燥洞穴里收集土样。他说，一铲土里可能有数百个物种的 D. A，其中一些属于早已灭绝的动物。令人惊讶的是，这些 D. A 竟没有被土壤中的细菌和病毒吞食，而是保存了下来。库珀教授说，到目前为止，科学家对早期生物的研究主要还是依赖保留在岩石和土壤中的化石。

2001 年 2 月，库珀率领的研究小组成功地绘制出了两种恐鸟的线粒体基因图谱，这是人类首次绘出一种已经灭绝的动物的线粒体完整基因组图谱。

恐鸟是已知鸟类中体型最大的，生活在新西兰，约于 1800 年前灭绝。目前，科学家正在试图搞清恐鸟的种类，以证实这种动物的祖先在 8000 万年前的生活领域。

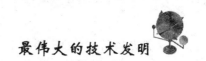

中医学的生命科学观

中医学的健康观。中医学在 2000 年前就有这样的论断：人是有形体、有情智、有精神的。什么是健康？就是精神，神和行全面的统一，是躯体、精神上和社会生活诸方面完满适应的一种状态，而不仅仅是没有疾病和虚弱。健康要怎样去维护呢？中医强调防病保健，强调的是心理调试，当代社会竞争非常激烈，强调适当地注意心理调试是很必要的；维持一个健康的身心，中医有天然相关的，顺应天地的思想，所以强调遵循规律。

中医学的疾病观，是一脉相承的，疾病是怎么得的呢，怎么预防？第一，中医学认为正气和致病邪气相互作用的结果决定你是发病还是健康，内因是变化的根据。正气存内，邪不可干。邪之所凑，其气必虚。第二，中医强调望、闻、问、切，它坚信人体内部的紊乱和变化，一定会通过皮表、神智等表达出来的，这就是中医诊断和治疗的一种依据。第三，致病因素多样性，情绪变化会损伤身体。

中医的治疗原则，是以预防为主，把人的躯体和精神活动看成是一个整体，把人的体表内脏、四肢，各个部分看成一个整体，认为某一个局部的病变必然要影响到他整体的生命活动。除了对个体的整体观以外，还有人和环境的适应性。中医学强调心身兼治，人有五脏化五气，情绪状态，机能活动是直接相关的。另外，中医对疾病和健康评价的过程中强调的是综合评价，动态把握。

维护了中国人健康几千年的观念体系和治疗手段的中医学，有能力在生命科学飞跃发展的今天，为社会公众的身心健康作出全新的贡献。

美科学家解释婴儿说话原因

美国威斯康星－麦迪逊大学的科学家们日前公布了一项研究结果，认为婴儿在初临人世的时候拥有一种叫做"完美音调"的对声音的辨别能力，并且该能力有助于婴儿在后天形成学习说话的本领。

据悉，科研人员在有关实验中，分别给成年人和 8 个月大的婴儿播放长段的音乐。结果发现，如果在实验中稍微改变相关音符的顺序，成年人通常不会察觉，但婴儿却能够发现个中的区别，较为准确的辨别出两个序列不同的乐段。科研人员珍妮·扎弗兰教授介绍说，当她和同事们在实验中把一节乐曲重复播放几遍之后，再给婴儿播放音符序列稍有变化的乐曲，婴儿就能识别出两者的不同，表现出对新乐曲的全神贯注的神情。

科研人员介绍说，他们注意到现有的大量研究也认为，如果婴儿对长时间听到的相同音符会感到厌倦，其注意力也就不再集中。科研小组将这种现象称为"婴儿的标准冲动"，即对新鲜的乐曲或者其他东西的变化会产生浓厚的兴趣，而对已经熟悉的乐曲或者是一些事物，就不太感兴趣。这位心理学家认为，正是婴儿具有完美音调（或者叫绝对音调），也就是识别音符的能力，帮助了他们在后天学会说话。

但是科学家的进一步研究发现，伴随着婴儿们逐渐长大成人的过程，在一旦他们学习说话的过程完成之后，大多数人就消失了这种"完美音调"的辨音能力，除非他们刻意学习一种乐器，或者学习语调表意很强的语言来刻意培养这种能力。科学家据此推断，"完美音调"的辨音能力有助于婴儿学习说话。而成人由于在日常生活中并不需要这种精雕细琢的听觉能力，所以就逐渐丧失了这种能力。